绽放

一切苦难都是为了
成就更强大的自己

欧力墁 若耶 著

人民日报出版社

图书在版编目（CIP）数据

绽放：一切苦难都是为了成就更强大的自己 / 欧力墁，若耶著. —北京：人民日报出版社，2017.7
ISBN 978-7-5115-4811-5

Ⅰ.①绽… Ⅱ.①欧… ②若… Ⅲ.①成功心理—通俗读物 Ⅳ.①B848.4-49

中国版本图书馆CIP数据核字（2017）第169719号

书　　名：	绽放：一切苦难都是为了成就更强大的自己
作　　者：	欧力墁　若　耶
出 版 人：	董　伟
责任编辑：	袁兆英
封面设计：	中尚图
出版发行：	人民日报出版社
社　　址：	北京金台西路2号
邮政编码：	100733
发行热线：	（010）65369527　65369512　65369509　65369510
邮购热线：	（010）65369530
编辑热线：	（010）65363105
网　　址：	www.peopledailypress.com
经　　销：	新华书店
印　　刷：	北京天宇万达印刷有限公司
开　　本：	710mm × 1000mm　1/16
字　　数：	260千字
印　　张：	18
印　　次：	2017年9月第1版　2017年9月第1次印刷
书　　号：	ISBN 978-7-5115-4811-5
定　　价：	68.00元

■ ■ ■

凛冬之际,万艳肃杀。皑皑白雪之中,一枝寒梅独放。

它开在百花之先,傲雪凌霜,堪称花中最有气节的君子。

梅不开花春不来,它以高洁、坚强、谦虚的品格,给人以立志奋发的激励。

它在寒冬迎风不屈地绽放,象征不屈不挠、顽强奋斗、不畏艰难的可贵品质。

虽然生长环境恶劣,但是依然含香吐艳,以最美的姿态舒展,积极、向上、充满乐观和希望。

没有一番寒彻骨,哪得梅花扑鼻香?

有这样一个女子,顽强而坚韧,有梅的品格;高瞻而容纳,有梅的气度;乐观而拼搏,有梅的风骨。

她就是中鼎恒生全球行政总裁——欧力墁。

序 成功没有捷径

我上小学的时候，曾在农村生活过一段时间，吃苦耐劳的女孩见了不少，只是觉得她们很能干，并无太多感慨。而此时，另一个命运多舛的女孩闯进了我的视线，撞击着我的灵魂，掀起我汹涌的心涛……她的名字叫欧力嫚。

这本书，是田巧林女士用微信发给我的，希望我为该书作序。我是用手机，几乎一口气看完的。此时已是深夜，我点燃一支香烟，望向窗外……

黑暗里，凛冽寒风，一个 12 岁，衣衫破旧，饥寒交迫，挑着装着白菜的担子的女孩，摇摇晃晃，一步一滑地走来。从她呵出的团团热气中，仿佛能听到急促的喘息甚至能听出带着绝望、挣扎，从咬紧的牙缝中挤出的哭泣的声音……我想，一切都是从那个时刻开始。弱瘦的肩膀，颤巍巍的担子，就这样挑了起来，挑出了美容院的女老板，挑出了中鼎恒生的总裁，挑出了一个新世界，挑出了一个崭新的、辉煌的人生！

她就是我熟悉的欧力嫚——总是面带微笑，平和中带有倔强，柔顺中带有坚定，羞赧中透着果敢；从她娇小的身躯能看到人格的伟岸，从她平凡的穷孩子的生活经历，能看到一颗璀璨、瑰丽的新星划过夜空的轨迹……

风寒雪残的路上，挑担子的小女孩身后，隐隐传来：就她，还想出人头地？痴心妄想！

时过境迁，岁月蹉跎——

红毯铺路，人群簇拥。总裁欧力嫚潇洒走过，拾阶而上。回首望去：人潮涌动，一片灯的海洋，花的海洋，呐喊、呼唤、掌声的海洋！

PREFACE

这是一份宣言书,它向世人宣告:她和她的伙伴们,已经踏上了成功者的殿堂!

有一次,一个朋友问我成功的秘诀是什么?我欲答又止,最终缄默。我明白,他问的是成功的捷径。

成功没有捷径。成功是双腿走出来的,成功是担子挑出来的,成功是在彻骨的寒风中咧出来的,成功是一跤一跤摔出来的……想成功,瘫在床上你也要站起来!想成功,骨头断了你也要走下去!

"凛冬之际,万艳肃杀。皑皑白雪之中,一枝寒梅独放……"

"没有一番寒彻骨,哪得梅花扑鼻香?"

最后,借本书中的一段话献给欧力塂女士,献给她的最亲密的战友扶爱潆女士、盛馨冉女士、刘煊源女士、田巧林女士以及中鼎恒生的全体家人。因为,欧力塂代表着你们全体:

有这样一个女子,顽强而坚韧,有梅的品质;高瞻而容纳,有梅的气度;乐观而拼搏,有梅的风骨。

她就是中鼎恒生全球行政总裁——欧力塂。

刘小兵

2017年5月30日

绽放 | BLOOM

目录

第一章　不一样的童年

第1节　屈辱的童年　004

欧力嫚：磨难是锻炼忍耐的最好机会　010

【超级链接】你的人生需要逆境　012

第2节　叛逆的少年　014

欧力嫚：女人最大的失败是没有当好妈妈　020

【超级链接】陪伴是最重要的爱的表达　022

第3节　为了读书　024

欧力嫚：愿你的人生配得上你的苦难　027

【超级链接】在抵达目标之前，没有任何借口　028

第4节　不爱读书　032

欧力嫚：在自以为是的基准里，我们失去爱的能力　038

【超级链接】智慧的教育从平和的性情开始　040

【岁月馈赠】生活的排序：拥有家庭事业彼此平衡的智慧　046

【小故事　大智慧】渔夫与富翁的故事　048

CONTENTS

第二章 不妥协的成长

第1节 飞来的横祸 052

欧力嫚：上帝负责剧情，你我负责精彩 058

【超级链接】人生中当如何面对日常压力与重大变故？ 060

第2节 绝望的宣判 065

欧力嫚：一切患难都是自我突破的机会 068

【超级链接】在痛苦与绝望的另一面跳舞 070

第3节 决不放弃 074

欧力嫚：只要不放弃就一直在成功的途中 078

【超级链接】真正的成功是永远保持希望并选择乐观 080

【岁月馈赠】正面的思维：打开看危机与患难的眼睛 084

【小故事 大智慧】不同的理解 087

第三章　不退缩的创业

第1节　上班的时光　090

欧力墁：学历代表过去，学习力代表未来　094

【超级链接】生命不息，学习不止　096

第2节　创业的梦想　103

欧力墁：这世上没有人能够阻挡你一定要做的事　108

【超级链接】沟通的智慧：如何在创业中获得强大后援团？　110

第3节　勤奋的果子　116

欧力墁：万物有道，守其则；不走捷径，安其道　119

【超级链接】成功的智慧：勤奋，并甘心乐意　120

第4节　开店的日子　124

欧力墁：尊重内心的真实，在事业线上张弛有度地跳舞　129

【超级链接】成功不二秘籍：做事的三大基本原则　130

【岁月馈赠】创业的动力：想什么比做什么更重要　138

【小故事　大智慧】盯着目标奔跑　141

第四章　不言败的团队

第1节　事业的转型　144

欧力墘：成功的路上，自我才是你最大的敌人　150

【超级链接】拔高与突围：事业转型的路上，我需要准备的　152

第2节　苦练普通话　160

欧力墘：为选择负责，向专业挑战　164

【超级链接】选择是人生最重要的能力，没有之一　166

第3节　团队的灵魂　173

欧力墘：不忘初心，方得始终　180

【超级链接】对准不变的方向，不断有目标，一直在路上　182

第4节　系统的建立　194

欧力墘：真正的人格魅力，来自对面对自我的诚实和永不放弃的态度　200

【超级链接】真正决定成败的是人内心的价值观
　　　　　——学会梳理价值观　202

第5节　凝聚的力量　210

欧力墘：坚定在左，妥协在右，方能成就一个团队的力量　218

【超级链接】心态决定未来，成为领袖只是一个选择　220

【岁月馈赠】团队的胜利：助人、识人、用人、忘我　234

【小故事　大智慧】三只鹦鹉　239

第五章　不放弃的幸福

第1节　归来的儿子　242

欧力墁：母亲的责任，是让孩子发现他最优秀的自己　246

【超级链接】让优秀传承：如何发现孩子优秀的潜能？　248

第2节　因为有爱情　256

欧力墁：最好的爱情是知己，最好的婚姻是陪伴　260

【超级链接】幸福婚姻就是彼此造就、共同成长　262

【岁月馈赠】在爱的关系中，我们学会各自负责　268

【小故事　大智慧】家是什么？　273

尾　声　梦想会喜欢

第一章
BLOOM

【开场白】

并不是所有人的人生都从童年开始，但是有着怎样的童年一定会影响这个人的人生。当我们细读一个人的童年的时候，如同行走在因果的光年中；透过栽种的种子，我们会理解何为"种瓜得瓜种豆得豆"，并且在种子成长的土壤和后天的培育中，我们明白了，"人种的是什么，收的也是什么"。

这并不是仅仅指瓜结瓜、豆长豆，任何瓜与豆在成长的过程中，都可能长成歪瓜劣豆。也许是种子的原因，也许是环境的原因，也许是努力成长的过程中，每一个关键的转折点，都因为选择的不同而有了千差万别的结果。有随波逐流、随心所欲的任性的选择，也有目标精准、永不转移的意志的选择，但不管哪种选择，都不是简单的因素，这关乎一切外在和内在的、看得到和看不到的牵引和影响，而最终那个结果，却是由自我承担。

所谓智慧和成长的内涵之一，就是在这一切经历中看清来龙去脉，定睛于自己的身上，寻出一切因果中属于自我的那部分失误，慢慢成为拥有正确分辨力，并能正确掌控自己、引导他人的人。如此，便能将一切教训变成养分，变成生命的滋养和能量。

不一样的童年

多年以后，当欧力墁站在万人舞台上，被聚光灯笼罩着，眼前无数荧光棒挥舞成跳跃的海洋，她的内心也如海洋一般澎湃。终于走到这一天了，之前所有的付出都是值得的吧？曾经的羞辱、苦难、艰辛、指责、跌倒、痛悔、失落……一切曾经阻碍她前行的，都在这一刻变成挂在天边的星星，成为遥远但不能忽略的点缀，化为无数的感激，在记忆里跳舞。

"曾经发生的都是最好的，不是最好的不会发生。"欧力墁从内心涌出这样的感叹。只有绽放的花朵，才知道四季的意义；时间会欺骗人，但岁月不会。敢一步一血印地走过乱石坎坷的人，必会在满了劫数之后，一步一生香，于是所有走过的足迹，都瞬间变成盛开的花朵。

受得住多大的羞辱，就受得起多大的尊崇。欧力墁的思绪飞过拥堵的记忆，定格在多年前那个阴冷的冬天。

第1节　屈辱的童年

那是一个土坯砌成的矮房。未经修缮的棚顶上杂草纵横，偶尔会掉下灰尘在屋里的课桌上，土墙上的墙皮掉得七七八八，斑驳地裸露着墙体。窗户上钉的是塑料布，有几处划破了，冷风从破口处呼呼地吹进屋子，无情地吞噬着屋子里少得可怜的热气。

屋子里只有三四个孩子，其中一个十来岁的小女孩，紧张地坐在自己的座位上，眼睛死死地盯着前面那个笑得不怀好意的男生，双臂围成环形，牢牢地护着自己课桌上的书本文具。那个男生挑衅地说："你爹妈不是城里人吗？你们不是有知识有文化吗？还上什么学呀！"一边说着，一边突然袭击去抢女孩桌上的书本，小女孩反应很快，几乎整个小小的身子都压在桌子上，男生没有得手，顺手就在小女孩的头上死劲儿拍了几下，嘴里还骂骂咧咧。

小女孩一声不吭，只是用倔强的眼神盯着男生，毫无退缩之意。男生看到陆陆续续又有几个学生进了教室，无奈说了句："算你狠，你等着，我看你这一天上不上厕所。"就带了身边两个学生走出教室，路过小女孩的时候，还故意撞歪了她的课桌。

这个小女孩，就是欧力嫚。为了守护自己的课本，她几乎每天都在进行同样的争战。她那时候上小学三年级，是全村最穷的人家的孩子。她的父母是当年下乡的知识青年，到了该返乡的时候已经结婚生子、落地生根，就一直留在了农村。城里来的知识分子最初到农村的时候，还挺受老乡的照顾，因为他们不会干农活，又来自城市，有知识有文化，淳朴的乡下人很是另眼相看。但时间久了，尤其已经在本地扎根落户，各家都要过各家的日子，就没人在意他们跟自己有什么不同了。可是农活再怎么锻炼，这些知识青年也比不上祖祖辈辈土生土长的乡下人、靠田吃饭的人家，自然日子过得比不上本地人。于是，日子越过越穷，吃饭的人口越来越多，上有老下有小的，吃了上顿没下顿。

欧力嫚的童年被贫穷和屈辱塞得满满当当的。当时他们一家7口，上有爷爷奶奶，都年事已高，主要劳力就是爸爸妈妈，自己是家里老大，身下还有两个弟弟。在欧力嫚的记忆中，奶奶不止一次地弯腰低头去别人家借粮，有借到也有借不到，所以吃不饱肚子。虽然并不是新中国成立前的苦难生活，但对于知识分子家庭出生的她来说，贫穷不仅仅是缺吃少穿的实实在在的日子，更是欺辱的烙印。

任何一个地方，与众不同的人要么受到膜拜，要么受到排挤，这似乎是人类的通病，在文明意识不够进步的农村尤其如此。如果在乡绅时代，也许像欧力嫚这样从城里来的知识分子家庭会得到乡下人尊崇的礼遇，毕竟那时候是还没有经过改革经济浪潮袭击的时代，乡风淳朴，崇尚读书，文化人始终是被尊重的。但是，欧力嫚的时代可不是这样，因为改革开放一部分人先富起来，最先显出贫富差距的就是乡下。生活的差距同时带来思想上的变革，人们从耻于谈钱变成以有钱为荣，这种思想尤其影响到正好形成人生观的孩子们。于是，在这群还没有过多少人生经历的孩子们身上，就刻印了有钱就有权利的意识，而这种权利意识，就演变成有钱的孩子对没钱的孩子的凌辱。

在欧力嫚的记忆里，贫穷是最可怕的怪兽。以至于多年之后，她拥有了自己的别墅豪车，站在万人瞩目的舞台上的时候，想起童年的贫穷，还是禁不住寒意升起。说起童年的艰辛，即使岁月的冲刷也不能淡化的那种刻骨铭心的痛，并不是来自同学的轻贱、冬寒夏暑的劳作以及吃不饱肚子的饥饿，而是那如冬日里呼呼地顺着教室窗户上的塑料布破口刮进来的寒风，一直在耳边怪异地呼啸着的贫穷。那声音时不时在她沮丧泄气的时候从耳边响起，不断提醒她继续坚持下去的理由，就像那个冬日的下午，最后一节课上，她所经历的终生难忘的耻辱。

欧力嫚所在的学校是当地唯一的学校，全村的孩子都在这里上学。欧力嫚从小就从父母那里知道知识的重要性，因为在乡下是靠会干农活吃饭，在城里

是靠文化水平吃饭。不会干农活的家庭在乡下所引发的一切伤痛的记忆，都变成了一定要好好读书考学、跳出农村去城里的梦想动力。所以，欧力墁从上学那天开始，就拼了命地学习，成绩一直名列前茅。但在那个考分不如工分的年代，学习好的学生永远比不上条件好的学生，不管在老师眼里，还是在同学眼里，家里有钱，才是尊贵的。而没钱的孩子才只能好好学习，有钱的孩子谁还在意学习好不好，反正继承家业，也不需要大学文凭。

　　在这样的学习环境里，欧力墁成了班上同学共同欺负的对象，偏偏她又性格倔强，被欺负也不肯低头，所以欺负她，似乎成了班上必要的娱乐。因为她是最努力学习的一个，也最看重自己的课本，于是班里有几个精力旺盛又无聊至极的男生，就盯上了她，只要她离开课桌，她的书包课本必然被他们扔到教室外面，或者藏在什么犄角旮旯里，让她找不着。曾经为了一本找不着的数学课本，她急得大哭，在同学肆无忌惮的嘲笑声中哭了一个多小时，直到放学的同学已经完全离开了，就剩她一个人，她一遍遍搜索了教室的每个角落，最后才找到了藏在黑板背后夹在顶部的数学课本。她抱着失而复得的课本再次哭了起来，仿佛那是一份带给她唯一希望的前程，一旦失去，就再也走不出这无休无止的黑暗。

从这天开始，欧力嫚放弃了一切课间去操场放松游戏的时间，坚守在自己的课桌前，绝不离开。于是，开始的那一幕成了每天上演的画面。几个习惯了欺负她的男生变本加厉，从恶搞变成谩骂，甚至拳打脚踢，但这些都不能动摇欧力嫚护卫自己书包的决心。小小的、瘦弱的她，当时并没有想太多，只有一个简单的信念支撑着她：不能丢失课本，丢失课本就没钱买了，没有课本就不能学习，不能学习就不能考学，不能考学就只能一辈子待在这个地方受穷受气，一辈子就完了。

这一天应该是冬天里最冷的一天吧，也许因为这一天的经历过于寒冷，让这一天变成了欧力嫚记忆里最冷的冬天。她一如既往地牺牲课间休息时间，为了不让自己的书包课本被那些总想欺负她的男生们蹂躏丢弃。可是，人总是要上厕所的呀，欧力嫚为了不离开课桌，经常全天不去厕所，就算想去，也强忍着，憋着不去。长此以往，就有了毛病了，天冷的时候，坐在冰凉的板凳上，常常就会忍不住尿意。这一天，几个男生似乎断定了她要出丑，每个课间都对她紧盯不放，所以她更不敢离开课桌。终于，憋到下午最后一节课下课的时候，她赶紧收拾起书包挎在肩上，飞一般朝着教室外面的厕所跑去。可是，离开了板凳，她再也控制不住了，一边跑，一边尿就顺着裤子流了下来，滴滴答答地流了一地。

此时，同学还没有散去，她尿裤子的事有同学看到了，就哄笑尖叫起来，把众人的注意力全部吸引到她的身上。她羞愧得无地自容，恨不得此时就死过去，这样一切的嘲笑羞辱就与自己无关了。她也顾不上去厕所了，一路飞奔，泪水淌了遛儿地流。她也不知道该往哪里去，就漫无目的地一直跑着，直到跑不动了，才一头扎在了村里不知谁家堆的草垛里。

尿了裤子不敢回家，也没有换洗的裤子。她就蜷在草垛里，躲着呜咽的寒风，用体温生生地烘干湿了的裤子,直到尿裤子的痕迹看不出来为止。那时候天已经很黑,她回到家里的时候,晚饭也没有了。为了省电,家里都习惯天黑就睡觉,她也不敢开灯写作业。她没有脱衣服就躺下了,因为要继续靠体温烘干裤子。躺在床上,她泪水奔腾。那是她一生中第一次如此痛恨贫穷,也是第一次无比深刻地渴望一定要成为有钱人,彻底摆脱这种因着贫穷带来的诅咒般的厄运,走出这个没有任何童年美好记忆的家乡,哪怕到一个没有任何认识人的地方,忍受一个人打拼的孤独辛苦,也不要回到这场令人绝望的梦魇。

这次经历让欧力墁刻骨铭心。以至于后来她所经历的其他苦难,都变得不那么可怕。但是长大之后,回想起童年时那些吃苦的细节,她依然觉得当时的自己能够熬过来,也算是一个奇迹。也许一切经历只有在当下才是真实的,而之前和之后,或多或少都会淡化或者强化,但是对于一个十来岁的女孩子来说,这些成人都难以忍受的艰难,却被她一一承担下来,绝不是容易的事。若不是有一股子非同小可的力量,只怕早就屈服在命运的淫威下,放弃抗争,变成大千世界中忙忙碌碌里平庸、平平淡淡里安于命运的其中一个。

第一章　不一样的童年

欧力墁：磨难是锻炼忍耐的最好机会

在我的事业合作伙伴中，常常有两种人，一种人有梦想也有人生阅历，经历过很多磨难，一直不甘于向命运低头；一种人的人生比较平顺，没有太多沟沟坎坎，也没吃过什么苦，但内心也有梦想，渴望更美好的生活。这两种人中，第一种人也许成长并不是很快，但却一直能够坚持忍耐，最终抵达成功；第二种人，常常因为梦想清晰、充满热情而成长很快，但遭遇寒流和瓶颈的时候，却容易灰心放弃。

两种人的成长轨迹都无法脱离人生旅程的印记，第一种因为经历太多磨难，内心承载过多，难以拥有空杯心态，事业路上很多障碍都源自对曾经失败的畏惧，缺乏一腔天真的热诚；第二种却是热情有余而磨炼不足，忍耐性和持续力不够，吃苦抗压能力弱，最终因着不能坚持而使梦想变成梦幻。

其实成功路上一切传奇的背后都有强有力的合理性，任何一个人生课题，都会因着选择的不同而产生截然不同的结果。磨难这种东西，从不使人喜悦，但磨难却是锻炼忍耐的最好教练，这取决于你如何面对它。

童年的我所承担的一切磨难并非我所愿意的，但若是我们能看透磨难本质中于人有益的一面，也许在以后遇到的一切磨难中，我们不会那么惧怕和艰难，而是从容面对，于不利中磨砺出有益的品性，为成长加分，为成功蓄力。

【超级链接】 你的人生需要逆境

有人做过这样一个试验，把100个人分成两个组，让第一组的人处在舒适的环境里，有大轿车接送，可以打桥牌、打高尔夫球、吃西餐，总之，只要是他们需要的，就一定能够给予满足。而第二组却无论干什么都遇到了重重障碍。这样过了6个月，第一组的人整天精神疲倦，昏昏欲睡；而第二组的人却斗志昂扬，提出了不少好的建议。

逆境也许是社会的一种选择机制，看你能不能经受逆境的考验，能够通过考验的人就会脱颖而出，走上人生的成功之路。因此，逆境常常成为人生的一道分水岭；有的人被逆境打垮，就此消沉；有的人从逆境中崛起，其人生和事业就此进入了一个全新的境界。

有人把逆境看作是一种人生挑战，在压力的促使下，他能够充分发挥自己的能力，从而发现自己的潜力，肯定自身的价值。还有一些人好像就是为了逆境而生的，一帆风顺的时候，他就会提不起精神来；而一旦遇到逆境，有了压力，他的精神就会变得抖擞起来，像换了一个人似的。

其实我们每个人从出生那天开始，就注定了要背负起经历各种困难折磨的命运。在逆境面前，所有人都有两种选择：要么懦弱、要么坚强。如果你明白你的人生就是为了经历逆境而来，也许你对待逆境的时候，更容易选择坚强。

股票界的巨头犹太人约瑟夫·贺西哈是一个从贫民窟中走出来的人，贫穷苦难的童年使他尝尽了生活的辛酸。他始终相信，只有经历了苦难，才能够取得成功。这正是犹太人的忧患意识，而这种意识成就了这位巨头。

八岁时一场大火袭击了他的家，从此他变成了一个小乞丐，兄弟姐妹们相继被领养。当一对老夫妇要领养小约瑟夫的时候,小约瑟夫才从梦中惊醒,"我决不离开妈妈,我不能丢下妈妈不管。"他来到纽约,回到了母亲的身边,这里的新事物让他大开眼界。但是还没等小约瑟夫看够这个世界,他就被母亲带到了一个相反的世界——纽约布鲁克林区的肮脏的贫民窟。苦难并没有就此停止,母亲不幸被烧伤,被送进医院乱哄哄的大病房,那些有地毯、有鲜花的高等病房却与母亲无缘。

为什么会这样呢?因为没有钱啊,他懂了,没有钱永远会被别人看不起!他暗暗发誓,决不再受金钱的奴役。为了赚钱,约瑟夫四处找工作。他来到纽约证券交易市场看着听着,当他得知在这里可以一夜之间变成一个富翁,他的血液在沸腾,他立志要在这里闯出一片天地。几年之后,终于有一家留声机公司留下了他。经历了无数的磨难以后,他终于成为一个出色的股票经理人,1917年,17岁的他不再受他人雇用,用255美元开始了他的事业。

最初,他的事业还挺顺利,赚到了16.8万美元。然而,他又因买下了由于战争结束而暴跌的钢铁公司的股票,瞬间变得仅剩下4000美元。经过这次变故,约瑟夫明白了,没有永久的财富,因此更需要依靠智慧,时刻都要保持忧患的意识。最终,他凭着对股票生意的天赋变成了股票业的巨头。变成亿万富翁的他并没有忘记自己曾经过的那段艰苦的日子,没有忘记与自己长期合作的伙伴,更没有忘记生他养他的母亲。忧患意识贯穿着他事业的始终,无论成败都没有消失。

第2节 叛逆的少年

心理学家说，童年的刻印对一个人的性情的影响会延续一生，而同样的事情在不同的人身上却可能形成两种极端不同的性格。一个被欺侮的童年可能会造就一个懦弱颓废的人生，也可能会造就一个坚忍奋发的人生。同理，这种两项极端也可能集中在一个人的人生中。比如，从欧力墭身上，就可以看到这两种极端在她人生的不同阶段体现出来。作为一个社会人，贫穷和屈辱铸造了她坚韧不拔的个性，这是非常美好的转化，也是她日后事业成功的基础。

不过与此同时，她的人生价值观也深深打上了一个烙印——因为童年积累了太多贫穷的记忆，致使后来的她，把物质的给予当成最大的爱的表达方式，甚至是唯一的爱的表达。对自己的孩子如此，对她身边的每一个人都是如此。

在物质上过度的给予或纵容，从外表上看来，好像的确是一种爱，其实隐藏在背后的实质却是因着童年留下的伤痕。当然，这伤痕可能造就的另一个极端是锱铢必较的吝啬，而欧力墭的性情却没有选择这个极端。虽然如此，这种因着伤痕带来的善良，依然会导致人生的失衡。这在欧力墭的一生中随处可见其印记，有得有失、有起有落、有利有弊，但对于她个人来说，正因为她把这种物质的给予当成最极致的爱的表达，却丢失了其他的爱的表达方式。

也许她并不觉得给予物质这一种爱的表达就够了，而是除了这种表达方式，她并不擅长其他的表达方式。因为贫穷带来的屈辱，过早懂事带来的独立，童年的她，没有体验过其他形式的爱。那个时代，每个家庭都为生计活得艰难，爱这种东西，完全由着本能随着本性随意发挥，作为女儿的欧力墭，从小没有品尝过母亲所能给予儿女的那种爱，所以，当她成为母亲时，一个普通母亲所能给予儿女的最平凡的爱，对于欧力墭来说，也是很难做到的。

时光飞逝，镜头转向下一个世纪，此时欧力墭已经成为事业上颇有建树的有钱人，经营着一家在当地口碑很好的美容院，结婚生子，有一个已经小学快毕业的儿子。她的儿子叫欧济闻。

那个时代还没有富二代之说，即便有，欧济闻以当时的家境也称不上一个富二代。但作为一个并不差零花钱又出手大方的少年来说，已经足以在自己的学校里赢得很多小伙伴儿的支持，更何况，如果有点钱又不喜欢学习，没事再喜欢找点事，找了事又不怕事，最终还能平事的，就足以在学校内横行霸道了。

以上特征欧济闻不幸全部符合，因此理所当然地成为校中一霸。

在某年某月某一天的午后，阳光正好。与平常一样，刚刚放学，有些同学已经离开学校，有些同学还流连在学校和同学们玩耍，也有一些好学的同学，留在学校写作业、温习功课。欧济闻却不属于任何一种，他带着自己的兄弟团，最喜欢在这下午放学之后留在学校惹点是非。从他记事开始，放学回家就意味着，一个人要待在空荡荡的房间里直到深夜，没有妈妈，也没有热乎乎的晚饭和全家团聚的场景。只有偌大的冷冰冰的房间里，看起来健硕的、内心却无比害怕孤独的一个孩子，在眼巴巴地等待妈妈的高跟鞋叩打地面的声音在门外响起。

这种感觉太深刻了，以至于欧济闻从可以放学不回家的年龄开始，就想尽一切办法待在外面。或学校，或网吧，或同学家里，反正只要不回那个孤单得冒着一丝丝冷气的家里就好。时值精力旺盛的少年，除了聚众惹事之外，欧济闻也的确不知道自己该做些什么。他从小就没有打下一个能集中精力学习的基础，这并不是他脑子笨，天生不是学习的材料，而是在无比被忽略的童年，他的人生被物质充满，致使他除了花钱之外，找不到更好的能够吸引人关注的方法。他知道钱能让人追捧他，虽然他觉得自己实力不错，打架斗殴一把好手，绝对配当一帮小弟的大哥，但当大哥的没有经济实力也是不够的，否则大哥们为啥都要带领小弟收保护费呢？

在学校的走廊上，一个男同学和一个女同学正坐在廊凳上看书，欧济闻带着自己的一帮小弟，晃晃荡荡地出现在走廊的尽头。虽然每个孩子都穿着不合身的，甚至有点脏兮兮的校服，但是却都摆出一副电影里惯有的黑社会混混那种混不吝的姿态，恨不得横着走路。欧济闻被一帮同学簇拥在中间，一左一右紧紧跟随着的是他的"哼哈"二将。他戴着一副刚买的太阳镜，配上邋里邋遢的校服，违和感十足。但他觉得自己很酷很拉风，电影里黑社会的老大都戴墨镜的。他扬起右手打了个响指，走在他右边的同学立刻小跑几步横在他的面前弯下腰，欧济闻走到他跟前，潇洒地做了个鞍马动作从他身上跨了过去。这套动作做得行云流水、一气呵成、像模像样。那个青涩的少年时代，这是他们的耍酷方式，无论在大人们看来多傻，他们自己却觉得很牛。

一群人走到了正在看书的男女同学身边，欧济闻伸手一把将男同学的书打飞，然后顺势挑了一下女同学的下巴，像电影里的流氓调戏女子一样。一切来得太突然，男同学还没反应过来，女同学倒是一声惊叫，等他们反应过来了，欧济闻早就走过去了，男同学刚刚有一点抗议的表情，跟在欧济闻身后的兄弟团马上狐假虎威地举起拳头吓唬男同学。

几个人继续往前走，突然旁边的钢琴房传来一段略显生涩的钢琴声，欧济闻被钢琴声吸引住，顺着琴声寻过去，趴在了钢琴房的窗台上往里看，里面有一个干净斯文、很有文艺范儿的女同学正在练琴。他把脸紧紧贴在玻璃窗上，还呵气用校服袖子擦了擦玻璃。他的"哼哈"二将在他后面死死拦着其他也想过来趴窗户的同学，保护自己的老大能够独享这一刻的美妙。欧济闻趴在窗户上认真地听女孩弹琴，不知不觉把整个脸都贴在了玻璃窗上。正在沉迷的时候，突然学校大喇叭里传来："欧济闻同学，马上到老师办公室来一趟。"重要的事情说三次，同样的喊话响了三遍，欧济闻才从美梦中惊醒，匆忙向办公室跑去……

办公室里，年轻的女老师坐在办公桌前，等待欧济闻。欧济闻敲了门进去，老师立刻说："欧济闻，你过来。你妈的作文怎么写的？"

欧济闻一脸懵懂："老师，你骂人？"

老师又说："我说，你，妈，的作文怎么写的？"她刻意强调了下，加重了"你妈"两个字的语气，还在欧济闻的作文本上拍了拍。那篇题目叫"我的妈妈"的作文大概是有史以来最短的作文，只有两行，中间还涂涂抹抹去掉了好多字。

欧济闻这次听懂了，但他继续装傻："老师，你不能骂人啊！"

老师气上来了："欧济闻，你跟我说绕口令是吧？我说的是你妈妈的作文怎么写的！"

欧济闻装出一副恍然大悟的样子说："哦，作文啊。我妈很忙，我妈真的很忙。"

欧济闻的妈妈的确在忙。此时此刻，欧力嫚正在棋牌馆陪客户打麻将。麻将馆生意火爆，麻将噼里啪啦敲打桌面的声音，时不时推牌洗牌喊"我糊了"的声音，伴随着窗外车水马龙的声音，好一派繁忙景象。

欧力嫚已经在牌桌上奋战一天一夜了，瘦弱的她，一直在强打精神头儿地强撑着。坐在她对面的是一位长相富态的中年女人，摸牌的十个手指上戴着五个不同材质的戒指，珠光宝气、富贵逼人。这位贵妇人是欧力嫚美容院的第一大顾客，也是多年来一直在欧力嫚的美容院消费的忠实顾客，欧力嫚作为美容院的老板娘，理所应当地把她当上帝一样服侍着。此时牌局就是为她而设，陪她玩、让她开心、让她赢钱是欧力嫚的任务。

这位贵妇人真是不差钱的主儿，除了去美容院消耗时间之外，唯一的兴趣爱好就是打麻将了。打麻将自然要有个输赢，平时一餐饭千八百块钱消费出去都不眨眼的主儿，在麻将桌上却是个心情随着输赢大起大落的人。赢钱怎么都不嫌多，输钱却一分都不嫌少。只要输钱，脸色立刻乌云密布，哪怕只是输了几块钱，都会立马在脸上显示出来，脾气也上来了，任性到无须顾及任何人的感受。但是只要赢钱了，请客吃饭哪怕还搭进去很多，也是乐呵呵的，心情一片万里无云。

正因为她是这样的牌品，平时爱跟她凑局儿的人不多，欧力嫚知道她这个毛病，所以时不时找几个朋友陪着她玩，目的就是输点钱给她，让她开心。从公来说，这是对大顾客的公关策略；从私来说，也是觉得她虽然有钱，但却比

谁都孤单，蛮可怜的，所以自己牺牲点时间金钱陪她开心一下，也是人之常情。

自以为懂得人之常情的欧力塬，在处理家庭关系的时候，却常常不以人之常情论之。她此时并没有感觉到自己把精力全部放在外面、极少关心儿子有什么不对。即使有，也是情有可原。因为自己忙啊，真的是忙。就算是打牌，也不是自己愿意的，这是工作，不，这是比工作还累的工作，又搭钱又费精力又耗心血，自己没办法才这样的。

一心扑在事业上的欧力塬和很多女人一样，从来没有过上班下班的概念，白天忙于工作，晚上忙于应酬，每天在外奔波，家里成了睡觉的地方。欧济闻的记忆中，妈妈忙碌的身影已经模糊成一张看不清脸的照片，他很少看到妈妈，没懂事之前，都是爷爷奶奶姥姥姥爷在照顾他，上学之后虽然和妈妈在一起了，但是妈妈起早贪黑地忙赚钱，常常自己睡觉了，她还没回家，自己起床要去上学了，她才刚刚睡。所以，欧济闻虽然和妈妈住在一起，却并没有真正的"在一起"，更不要谈交流沟通了。欧济闻上小学那段时间，欧力塬忙得见上一面都难。所以，老师布置写作文，题目是"我的妈妈"，他绞尽脑汁想了半天，就写出了两行字。他真的不知道怎么写他的妈妈，虽然在他心目中，妈妈非常美丽，但是妈妈太忙了，忙得有时候他要努力去回想妈妈的容貌，仿佛不这样就会忘记自己还有一个妈妈似的。

欧力嫚：女人最大的失败是没有当好妈妈

这个是我的人生结论之一，只是得出这样的结论我付出了很大的代价。一个事业有成的女人，常常会给人很强大的印象，但是并没有任何人可以强大到从不失败。世界从来给予平衡，有强有弱才是常态。当一个女人在事业上风生水起的时候，常常在人所不知的一面，正在水深火热。

我愿意把我人生的失误展示给你们，是因为我不想你们再重蹈我的覆辙。每个人最初开始创业的时候，并不一定都有清晰的梦想，往往是因为捉襟见肘的现实压力。在这样的前提下开始的事业，并不能高屋建瓴地运筹整个人生，所以，我们为之奋斗的那份初衷，常常会因为奋斗中无法抽离的投入感而变得越来越模糊——为了幸福而奋斗，却因为奋斗而失去幸福；为了幸福而成功，却因为成功而断送幸福——天下最划不来的事莫过于此。

作为女人，都有成为妈妈的可能，这是女人的天职，也是与生俱来的本分，是人生中最大的成就和价值，但我们常常会因为生活的压力而忽略了这份天职的本质。并不是有钱就能做好妈妈，也不是没有钱就一定做不好妈妈。这世上太多的证据，给贫寒卑微的妈妈加分，让事业有成的妈妈羞愧。我以我自己惨痛的教训，希望所有的女人，首先成为一个成功的妈妈吧，这是更重要的事，也需要更大的智慧和付出。

愿天下所有的女人都成为成功的妈妈。

【超级链接】 陪伴是最重要的爱的表达

奥巴马第一次当选总统时，说竞选中有一件事让他很自豪，在长达21个月的选战中，他没有错过一次孩子的家长会。总统夫人米歇尔谈到做总统的丈夫，说奥巴马至今仍每晚和女儿一起吃晚餐，耐心回答她们的问题，为她们在学校交朋友的事儿出谋划策。想想身边那些天天嚷着没时间陪孩子的父母，比奥巴马忙很多吗？

现在的父母在当今社会环境下，压力大，工作忙，往往会疏忽了对孩子的陪伴。除了本身的压力大和忙，最主要的还是不清楚父母陪伴孩子的重要性。当你知道亲子陪伴的重要性后，你或许会抽出时间好好陪陪孩子。

陪伴是对孩子最好的爱。作为父母，其实给不了孩子属于他的未来，他有自己的人生。父母能做的只是努力守护孩子能够得到的当下的快乐和幸福，不焦虑、不盲从、不攀比。和孩子一起慢慢体味相伴时际遇的每一道风景，每一种心情。不要怕虚度光阴，教育就是留白的艺术。

陪伴是相互的，滋养是相互的，给予是相互的。陪孩子长大的过程，也是父母自我成长的过程。舍得花时间陪孩子的父母，会在陪伴中得到爱的互动，也更能懂得与孩子沟通的艺术，磨炼心灵的敏感度、同理心和理解能力，对成人的心智成熟也有莫大的益处。

童年是人的前半生，陪伴孩子时，一心一意，给孩子你最好的专注力。"培养"就是"陪着养"。父母整日忙于找寻着培养孩子这种能力、那种品质的方法，可对孩子却常常连陪伴的耐心都没有，滋养的过程都想省略，只想用说教、打骂等简单粗暴速效的方式教育好孩子，而无视良好家庭关系的构建。关系先于教育、包含教育，有了稳固的亲子关系，教育会变得轻松、快乐、自然而然。

有人说，生存压力太大了，我要工作，事情太多，真的抽不来时间。果真如此吗？时间对每个人都是公平的，差别是管理时间的能力。一个人的主要时间分配到"不重要不紧急"，是得过且过型；分配到"紧急不重要"，是随波逐流型；分配到"重要紧急"，是勤奋工作型；分配到"重要不紧急"（例如健康、读书、教育子女等），是智慧发展型。您是哪一种类型？

陪不陪孩子，从来就不是时间问题，而是选择问题，是价值排序的问题。忙只是借口，只是看你把什么看得更重要而已。钱可以暂时少赚点，工作也有再找的机会，但孩子的成长是不可逆的，在孩子的陪伴上，我们只有一次机会，错过了就永远错过了。

孩子闹情绪，缠磨人，是一种亲子关系亮红灯的提醒。小孩子会求抱求陪伴，大孩子会惹是生非寻求注意。说明父母已经太长时间沉浸于工作、琐事，忘记关注孩子。每天哪怕有一小阵子，把手上心上的一切都放下，专心陪孩子，不一定需要很多语言，或绘本、玩具、游乐场，只是陪着孩子，由孩子牵引着安排时光。就算孩子已经长大了，进入叛逆期，也可以谈谈心，了解下孩子在学校的情况，这样的沟通应该成为日常，因为一旦疏远了，再拉近这样的关系就不容易了。

当孩子抱怨你从不带他去公园或总是夸奖邻家的孩子时，你可能会说："不对啊，两周前刚带你去过公园！""你忘了上周我也表扬过你！"然而对于孩子而言，感觉就是一种事实，你要做的是去发觉背后深层的含义。"你希望我陪你多些户外活动，我知道了。""你认为我对你的鼓励太少了，谢谢告诉我你的感受。"

陪伴是对孩子最好的爱。"十年以后，你会因为今天少做了一个项目而遗憾，但你会因为没有多陪孩子一小时而后悔。所以，你知道答案啦。"在一次与哈佛大学心理学系教授吉尔博特聊天时，杨澜问他手头事情太多，常分不清主次怎么办？吉尔博特教授给了杨澜这样的答复。

林则徐说："子孙若如我，留钱做什么？贤而多财，则损其志；子孙不如我，留钱做什么？愚而多财，益增其过。"你可以说很少陪孩子，拼命赚钱是为了自我实现，但千万别说是为了孩子。如果孩子成才，他会谋求自食其力、自我实现的，不需要你的钱；如果孩子不成才，钱多只会让他游手好闲，反而害了他。

第3节　为了读书

对于每一个贫穷的农村家庭来说，中途辍学几乎是不可更改的命运，尤其是家里的老大，尤其是家里的女孩。因为上学不单单意味着需要一笔生活用度之外的开支，也意味着家里会损失一个可以帮衬的劳力。因此，在欧力墁12岁的时候，也难以避免地迎来了辍学的命运。

但是不甘心，无论如何都不甘心！12岁的欧力墁学习一直在班上名列前茅，她聪明好学，而且有学习的动力，继续读书绝对是可以一路升学，直到大学毕业，跳出贫穷的命运，重新书写自己的人生。可是，再美好灿烂的未来也会被残破无力的现在击碎，欧力墁家里当时的情况就是：只能辍学。辍学的理由是没有学费，而且还需要欧力墁下来干活儿，去赚两个弟弟的学费。

当这个决定被宣布的时候，欧力墁甚至没有抗辩的机会。因为农村都是这样的。大的帮小的，女孩帮男孩。所以凡是家庭条件不好的女孩子，能念完小学已经算高学历了。欧力墁知道，哭闹抗争都是无益的，因为知晓读书价值的父母，但凡有点能力，也不会让成绩一直很好的她辍学，一定是实在没有办法了，才只能出此下策。

都说"穷人家的孩子早当家"，欧力墁的早熟懂事在农村也许算不上特殊的，但她在早熟懂事的基础上，更有一份别人所不具备的精准目标下必要达成的意志力和解决力。这份宝贵的特质一直伴随着她，成为她今后成功路上百折不挠的独有技能，在一切命运的刀剑搏杀中，即使被反复击倒，也总能满血复活。

所以，欧力墁冷静地对当时的现状做出分析判断，并且很快地寻找出了解决方案，跟父母摊牌。她的解决方案是：自力更生，勤工俭学。具体做法是：做生意。那时候的农村，虽然已经开始改革开放，但是农民嘛，还是以自产自销为主，很少有主动去做生意赚钱的。当时欧力墁的提议，虽然并没有得到父母的百分之百的认同,但他们还是支持了自己的女儿。于是,12岁的欧力嫚,单薄的小身子骨儿,开始肩负起养家活口的担子。

学生做生意,只能赶在一年四季中最冷和最热的时候,冬有寒假,夏有暑假,别的学生享受藏冬避暑的假期时,欧力嫚却正在走街串巷地做买卖。这段日子对于欧力嫚来说,也是难以磨灭的记忆。暑假的时候,她要很早起床,去进货。夏天她选择卖西瓜,用扁担挑着,一边吆喝着,一边走街串巷到处去卖。因为走路太多,太费鞋,所以大部分时间是赤脚挑担行走。暑期最热的天气,阳光如毒,晒得人冒油,全身上下如水洗一般被汗湿透,脚踩在被晒得滚热的地面上,如被灼烧。但是天越热,卖西瓜越容易,即使再辛苦,也不希望下雨。欧力嫚深深体会到"心忧炭贱愿天寒"的卖炭翁的心情了。

虽然夏天做生意不容易，但比起凛冽的寒冬，简直算是幸福了。冬天真的好冷好冷啊，没有厚衣服，穿得特别单薄，寒风呼啸、大雪纷飞，但是再恶劣的天气也不能懈怠。冬天卖的是白菜，不需要走街串巷了，但是要守在集市里，一蹲就是一天。记忆中只有冷，冷得手脚麻木，手乌紫乌紫的，脚好像针扎一般疼痛不已。不单是冷，卖白菜的生意并没有那么好，大多数时间没有顾客光临，闲着的时候就无法控制自己的思绪乱飞。欧力嫚常常想到很多跟自己一样的孩子，此时都在家里，坐在暖暖的炉火旁边，安心地做功课写作业，自己却在冷风中饥寒交迫，这是怎样的天壤之别啊。每想到这些，欧力嫚就无法忍住委屈的泪水，虽然这是她自己的选择，她也并没有怪谁的意思，可是那种完全的无助感和无力感，却如野兽一般啃咬着她的心。她不止一次萌生放弃的念头，想丢下担子，再也不这样拼命了。但这个念头一出来，内心就会响起一个声音：你真的就这样放弃了？这声音一遍遍叩问她的真心，让她无法忽略，只能面对。她知道，这头带给她如此不公和委屈的野兽有一个所有人都无法忽略的词汇，叫作"命运"；她更知道，对她来说，要降服这头"命运"的野兽，目前唯一的办法就是读书；她比谁都知道，她必须这样坚持下去的理由，是因为她没有放弃的资格。她以一颗小小的倔强的心与命运搏击，要么脱离贫穷的诅咒，要么死在命运的杖下。

就是这样的一股子信念，可以让这样一个12岁的小女孩无坚不摧。那时候的欧力嫚，不但在寒暑假里完全坚持了挑担生意，而且一点没有耽误做功课。劳累了一天，筋疲力尽的她回到家里，坐在书桌前，翻开心爱的课本，再大的劳苦，都化为饥渴的动力了。欧力嫚的学习一点没有落下，成绩坚持名列前茅，而且她通过自己做生意赚到的钱，不但能负担自己上学的全部费用，还可以负担两个弟弟的学费，真正达成了读书、自立、帮衬家里这三大精准目标。这是欧力嫚第一次享受自己掌控命运的乐趣。

欧力墁：愿你的人生配得上你的苦难

其实一个人最后能走到什么位置、什么程度，几乎在他小时候就已经预定了。在别人眼里，我是个苦兮兮的孩子，从小受欺凌，扛起生活的重担，几乎别的孩子都有的童年我都没有。童年所意味的快乐、自由、无忧无虑、兴致勃勃，在我这里全部变成了屈辱、重担、思前想后、拼命赚钱。

但是，上帝一直是公平的。他通过拿走的方式给予。在拿走我童年所应有的东西的同时，也给了我别人所没有的东西，那就是坚强、意志、隐忍和相信的力量。这些在我今后成功的道路上成为无价之宝。也许正因为我所拥有的这些，才让我从人群中被上帝分辨出来，赐予我成长、赋予我使命、给予我今天的荣耀。

所以，走到今天，特别感恩，尤其感恩上帝的公正。"天将降大任于斯人也，必先劳其筋骨，饿其体肤，空乏其身……"这句话几乎人人会背，但当磨难来临，却没有几个人会想到这是"天降大任"之前必不可少的考验。我也一样，常常都是在苦尽甘来才后知后觉。但如果当初没有那股子对遭遇怨天怨地、对命运怒其不公的狠劲儿，也许真的就随遇而安于寂寂无闻的乡里，成为田间挥汗、锅台围转的农妇，过着另一种人生。

我不知道别人怎么看，但我知道，那不是我想要的人生。我一直知道！

【超级链接】 在抵达目标之前，没有任何借口

失败的唯一原因，就是没有抵达目标。

因为，在抵达目标之前，你看到拦阻和艰难，选择了逃避和放弃。

借口，是谋杀成功的屠刀。

美国有位退伍军人，他在战场上负了伤，退役年龄也比较大，这样一个残疾的退伍军人找工作变得非常不容易，很多单位都拒绝了他。而每一次他都迈着坚定的步伐，继续寻找可能的机会。

这一次，他来到了美国最大的一家木材公司去求职，他被招聘人员挡在了门外，一口回绝不会聘用他。

这个时候，他没有选择放弃，而是寻找机会，通过几道关卡，终于找到了公司的副总裁。他非常坚定地对这位副总裁说："副总裁，我作为一名退伍军人，郑重地向您承诺，我会完成您交给我的任何任务，请您给我一次机会。"副总裁一看他的年龄，一看他这个样子，像开玩笑似的，真的就给了他一份工作。什么样的工作呢？是公司在美国中部的一个烂摊子。

在此之前，公司派了很多优秀的经理人，都没有把这个工作做好。那里的客户关系恶劣，公司的欠款长期不能收回，公司形象受到损害。副总裁想：比你优秀的经理人去都不能完成这个任务，我不如卖一个人情，也让你自己证明你不是那块料。

但那个退伍军人却说："我保证完成任务。"

第二天，他就奔赴那个市场，几个月之后，他挽回了公司在那里的形象，捋顺了客户的关系，并且收回了几乎所有的欠款。

第一章　不一样的童年

一个周末的下午，总裁把这个退伍军人叫到自己的办公室。跟他说："我的妹妹在犹他州结婚，我要坐火车去参加她的婚礼。临走之前麻烦你帮我买一件礼物送到我的车厢。这个礼物是在一个礼品店里，非常漂亮的橱窗里面有一只蓝色的花瓶。"他描述了之后，就把写有礼品店地址的卡片交给了退伍军人，卡片的后面有老板所乘坐的火车车厢和座位。退伍军人接到任务后，郑重地向他的老板承诺："我保证完成任务！"

于是退伍军人立即行动，走了很长时间才找到那个地址，可是，那里根本没有老板描述的礼品店，也没有漂亮的橱窗，更没有那只蓝色的花瓶。

各位，如果是你，你会怎么做呢？会向老板这样说："对不起，你给我的那个地址是错的。所以我没有办法拿到那只蓝色的花瓶。"

但是，这位退伍军人没有这样去想，因为他向老板承诺过：保证完成任务。

所以，他第一时间想到给老板打电话确认，但是老板的电话已经打不通了。因为在北美周末的时候，老板是不允许别人打扰他的。怎么办？时间一分一秒地过去，退伍军人结合地图，通过扫街的方法，一条街一条街地找，在距离这个地址五条街的地方，终于看到了老板所描述的那家店，远远地望去，就是那个漂亮的橱窗，他已经看到了那只蓝色的花瓶。他非常欣喜，飞奔过去，近前一看门却上了锁，这家商店已经提前关门。

如果是你，你会怎么办？你会说："老板对不起，因你给我的地址是错的，我好不容易找到，但人家已经关门。"

但是，这位退伍军人没有这样想，因为他向老板承诺过：保证完成任务。

这位军人结合黄页和地址，终于找到这家店经理的电话。他立刻打电话过去，说要买那只蓝色的花瓶。对方说："我在度假，不营业。"然后就把电话撂下了。

如果是你，你会说："对不起老板，人家不营业，我买不到。"你会找出一大堆的理由说明自己没有完成这个任务。但是，这位退伍军人没有这样去想，因为他向老板承诺过：保证完成任务。

他在想，即使我付出惨重的代价，我也要拿到那只蓝色的花瓶。他想砸破

橱窗拿到那只蓝色的花瓶，于是他转身去寻找工具。他去寻找工具的时候，正好从远方来了一位警察，全副武装。退伍军人看到警察，突然意识到什么，他再一次拨通该店经理的电话，他第一句话说："我以自己的性命和一个军人的名誉担保，我一定要拿到那只蓝色的花瓶，因为我承诺过，这关系到一个军人的荣誉和性命，请您帮帮我。"

店经理不再挂他的电话，一直听他讲。他讲述在战场上因为承诺战友，一定要把战友背出战场，救他性命，为此身负重伤，留下残疾。店经理被他感动了，终于决定愿意派一个人，给他打开商店的门，把这个蓝色的花瓶卖给了他。

退伍军人拿到了蓝色的花瓶，非常开心。但他一看时间，老板的火车已经开了，如果是你，你会怎么办？会找出一堆的理由向老板解释："你给我的地址是错的，我好不容易找到，人家已经关门。我遭遇挫折、经历磨难，终于拿到了这只蓝色的花瓶，但你的火车已经开了。"但是，这位退伍军人没有这么想，

第一章 不一样的童年

因为他向老板承诺过：保证完成任务。

于是这位退伍军人给他过去的战友打电话，他想租用一架私人飞机，在北美有很多人拥有私人飞机，他终于找到了一位愿意把私人飞机租借给他的人，然后他乘驾飞机追赶老板乘坐的火车的下一站。当他气喘吁吁到达车站的时候，老板的火车正好缓缓地驶进站台。他按照老板告诉他的车厢号，走到老板的车厢，看到老板正安静地坐在那里，他把蓝色的花瓶小心翼翼地放到桌子上，跟老板说："总裁，这就是你要的蓝色的花瓶，给您妹妹带好，祝您旅途愉快。"然后转身就下车了。

新的一周开始，上班的第一天，老板把这个退伍军人叫到自己的办公室。跟他说："谢谢你帮我买的礼物，我妹妹非常喜欢。你完成了任务，我向你表示感谢。其实，公司这几年，一直在选一位经理人，想把他选派到远东地区担任总裁，这是公司最重要的一个部门，但之前我们在挑选经理人的过程当中，始终不能够如愿以偿。

"后来，顾问公司给我们出了一个蓝色花瓶测试选择经理人的办法。在选择经理人的过程当中，大多数人都没有完成任务，因为我们给的地址是假的，我们让店经理提前关门，我们让他只能够接两次电话，在过去的测试中只有一个人完成了任务，是因为他把橱窗的玻璃砸碎拿到了那只蓝色花瓶，我们觉得跟我们公司的道德规范不符，没有录用他。

"所以在后来的测试当中，我们特意雇了一位全副武装的警察守在那里。但是所有这些，都没有阻碍你完成任务的决心。你出色地完成了任务，现在我代表董事会正式任命你为本公司远东地区的总裁。"

愿你能听懂这个故事，从此不再寻找任何借口，在到达目的地之前，不管经历多少艰难险阻，你都要找到那条可以通达的路，因为成功女神总是青睐那些一心一意只想得到她的人！

第4节 不爱读书

命运并不是那么容易掌控的,人们常常自以为征服了命运,却不知道命运站在时间之外掩口偷笑。12岁的欧力嫚绝对不会想到,她这么努力争取的学习机会,在自己的儿子那里却一文不值。就是这样一个渴慕读书的女孩,为了能够读书可以拼命的女孩,却生出了一个特别不好好学习的儿子。

有人说,一个人爱不爱学习是天生的,有人天生就不是学习那块料。这个结论姑且不讨论对错,若讨论起来,只怕牵扯的因素就太多了。但是,一个母亲对孩子的成长负有关键责任是无可推诿的,这责任中就包括引导自己的孩子能够拥有对学习的正确认知,并养成基本的学习习惯。这是需要花费心血和时间的,在孩子成长的过程中,最需要的不是别的,是母亲用心的陪伴。

那时候的欧力嫚,正处在事业中最辛苦艰难的时期,生存压力很大,每天都感觉时间不够用,一心扑在赚钱上,根本没有时间来陪伴儿子,耽误了对儿子的关心。作为一个母亲,她对自己的孩子有本能的疼爱,但却不懂正确的表达。自己从小因为穷吃了很多苦,也因为穷在学校里受了很多欺负,所以她简单地以为,只要不让儿子缺钱就可以了。只要不缺钱,他在学校就不会被欺负,就能够好好学习,就可以不像自己那样,为了上大学过早承担赚钱的重担。在欧力嫚的思维方式中,一个不缺钱的孩子,有什么理由不好好学习呢?这是多么理所应当的事啊。所以,她从未让欧济闻身上缺过钱,也基本不关心他的学习和功课。直到有一天她看到欧济闻的成绩非常糟糕,完全不像她想象的那样理所当然地优秀的时候,她非常愤怒。她认为儿子身在福中不知福,却完全看不到自己应当承担的责任,于是,她以训斥来管教这个不听话的儿子,儿子却更加不受管教,以至于母子关系越来越紧张。

后来,母子之间的关系演变成一场交易:想要钱,就得做好功课。欧济闻

第一章 不一样的童年

为了拿到钱，变得狡黠和爱撒谎，而内心对妈妈的反抗却让他更加自暴自弃。拿到钱就伙同一帮小伙伴儿去网吧，成天在学校滋事斗殴，不服老师管教，成了学校一霸。欧力墁又要忙于工作，真心顾不上时刻看管他，更重要的是，欧力墁此时虽然意识到儿子变成这样，自己有责任，也知道应该多关心、理解儿子，但两人的关系已经败坏，儿子的心对自己完全关闭，只在外面向一起厮混的同伴寻找安慰、打发孤独。而欧力墁面对自己的儿子，无法放弃作为母亲的自尊，加上工作压力带来的无限委屈，看到别人家的孩子那么乖巧听话，见到一副吊儿郎当样的儿子，就压不住内心的火气。

有一天，欧济闻的班主任打来了电话，她这才知道欧济闻几乎天天迟到，偶尔还旷课，并且经常和同学去网吧打游戏。欧力墁非常生气，特意推掉一切应酬早早回家，准备好好教训教训他。到了家里一看，欧济闻果然没有回家。平时她很少这么早回来，一直以为欧济闻放学回来就会回家；晚上她回来的时候常常都是半夜了，她以为儿子已经睡了，怕打扰他也很少去他的房间看看；早上她起来的时候，儿子已经去上学了。所以，很多时候，她其实并不知道自己儿子是不是在家里过夜。正好电视里又在播放未成年人游戏上瘾的相关新闻，她就胡思乱想：也许很多时候欧济闻都没有回家睡觉，一直在网吧过夜，而自己却一无所知。她内心憋着一股火，丝毫没有想到自己在这件事上应该承担的责任，就等着欧济闻回来。

欧济闻的确是经常在网吧包夜打游戏，反正回家也没什么意思。所以，这天他也一样，就在离家很近的网吧里打了一夜游戏，天亮的时候，才想回家换件衣服。他很小心地开了门，蹑手蹑脚地走进屋里，他以为妈妈如往常一样还在屋里沉睡，只要不惊动她，就可以继续伪装自己早起上学了的样子。没想到进到客厅，妈妈就坐在沙发上，满脸的冰霜，看一眼都让人直打冷战。他顿时石化在那了。

为了等儿子回来，欧力墁几乎一夜没睡，她知道儿子肯定去网吧了，但又不知去哪里找。欧济闻开门的时候，她就听到了声音，强压住火气，坐在客厅里等候开堂问审。

"你去哪儿了？一夜没回家？"欧力墁尽量平复情绪问道，但声音的分贝还是比平日高出很多。

"我……我去同学家了……"欧济闻嗫嗫嚅嚅地说。

"你撒谎！说，你到底干什么去了？是不是去网吧打游戏了？成天跟一帮痞子混，能有什么出息！你还天天逃学旷课，真是无可救药！"欧力墁终于忍不住火气了，一通噼里啪啦的责骂。

"我没有天天逃学……"欧济闻极力为自己辩解。

"你还敢狡辩！是不是真的要天天逃学你才甘心？那些跟你混在一起的同学没一个好东西，你跟他们混一起早晚混成地痞流氓！……"

"你说我就说我，干吗说我同学？他们又不是你儿子，也没惹你，你说他们干吗！"欧济闻也忍不住了，脾气上来，开始顶嘴。但是他作为儿子没有顶嘴的理由，一肚子愤怒和委屈又不知怎么发泄，所以抓住妈妈话中最不顺耳的开始反驳。多年和妈妈疏远的关系，让欧济闻内心对他妈妈是存有畏惧的，对妈妈的真实的想法自己都整不明白，更没办法让妈妈知道他的内心。他知道自己有时候是恨妈妈的，尤其在她不分青红皂白就骂自己的时候。他甚至怀疑自己是不是她的亲生儿子，除了从妈妈那里拿钱，他没有感受到一个母亲应该给予的爱、理解和温暖。

那一次，欧力墁第一次打了欧济闻耳光，欧济闻负气摔门而去。欧力墁在门"砰"地关上的一刹那，崩溃地坐在沙发上，很少流泪的她痛哭起来，在商场上攻无不克战无不胜的欧力墁，从未感受过如此的无能为力。

欧济闻直接去了学校，找到平时常在一起玩的同学，说自己要离家出走。当时就有一个死党同学表示，要誓死跟从老大，老大去哪儿他去哪儿。然后他们就在一起谋划了一天，搞得班里同学都知道了，欧济闻也没在意，他以为就算妈妈知道了也没什么，反正她也并不在乎他。

放学之后,他们各自回家,要和他一起出走的同学回家去拿零用钱,他自己也溜回家里拿了几条烟。欧力嫚没有在家,再大的事,她也不会不管工作。欧济闻内心带着说不出的情绪离开了家,和同学在网吧汇合,俩人准备打一宿游戏之后,天亮了就坐车去长沙。

欧济闻没有想到的是,这件事很快就被同学们告诉了老师,老师又告诉了妈妈。所以正当他投入地打游戏的时候,耳边听到一声喊叫:"欧济闻!"他不耐烦地说:"喊什么喊,没看正忙么!"静默了几秒钟,欧济闻突然反应过来,回头一看,欧力嫚正站在自己的身后。

接到老师的电话之后,欧力嫚心急如焚,满城网吧一家家地找过去,寻找欧济闻。穿着职业装高跟鞋的她,走进烟雾腾腾人声嘈杂的网吧,恍惚看到自己在棋牌馆陪着顾客打牌的时候,自己的儿子也在同样混乱的、充满颓废氛围的环境里打游戏。她第一次从内心感觉到了自己对儿子的愧疚。

地毯式的搜索,大部分靠走路,她穿着高跟鞋的脚已经疼得肿了起来,终于在靠近火车站的一家网吧找到了欧济闻。

欧济闻看到自己妈妈的那一刻,内心不知道是什么滋味,有一点可以确定的是:他并没有如自己所想的那样失望,原本兴致勃勃设计离家出走后去长沙恣意享受自由的他,好像并没有对这场出走的失败感到沮丧。他甚至升出一种莫名的欣喜来——妈妈这样拼命地找他,看来的确是他亲妈。

欧力嫚找回了打算离家出走的欧济闻之后,却没有跟他再发火。也许天下的父母都是一样的纸老虎,不管平时对自己的孩子如何严厉管教,真的面临马上要失去孩子的时候,会立刻软弱下来,不管惹了多大的祸事都略过不计,只想好好看守这失而复得的孩子。

为了让欧济闻远离网游,也远离那些成天厮混的孩子,欧力嫚在欧济闻小学毕业之后,没有让他上初中,而是把他送上了少林寺武术学校,想通过学习武术,好好磨炼他。到这时候,欧力嫚依然没有看到问题出在哪里。她一厢情愿地拿着自己的基准去理解儿子的问题,以为他生活在一个不缺吃少穿的家庭

里，太安逸了，不能吃苦，也就没有意志力，所以管不住自己。而在那个时代，她所能想到的最能吃苦磨炼孩子的方法，莫过于学武术了。她希望通过这次离家学习武术来锻炼他坚强的意志，重新开始。她可能没有意识到，这个决定多少也有一点逃避的动机——自己实在无力管教自己的儿子，放在家里不管又不行，不如送到外面，一方面可以锻炼学习，一方面有人代替自己管教他。

欧济闻在少林寺待了三年，这三年的磨炼不可谓不苦，可是从少林寺回来以后，欧济闻并没有改掉自己的毛病，反而因为会点武术更加飞扬跋扈，成了一群混混里的头儿，跟电影里的古惑仔学，还到处收保护费。

欧力墭拿他没办法了，打骂也没有用，谈心也不可能，又不能放下工作，成天看着他。所以很长一段时间，欧力墭几乎不再管他。而那阵子，欧济闻似乎也没惹出什么事闹到欧力墭这里，好像彼此相安无事了。

年轻的欧力墭，一切心思扑在事业上，为了脱离从小刻印的贫穷的恐惧，她关闭了作为母亲所应该有的那份对于孩子的敏锐直觉。从人性的角度讲，这是可以理解的，毕竟每个人都受制于自己的局限，不可能达成完美。但从成长的角度看，一切不完美的经历都是为了成就更加完美的后来，记录一个人最真实的人生而不是毫无瑕疵的人生，也许对阅读者更有引导的价值。这份提炼出来的智慧，于己于人，都是最宝贵的礼物。

欧力墁：在自以为是的基准里，我们失去爱的能力

曾一度，甚至现在，我也常常把给予金钱作为爱的表达方式，我并不否认这份爱的心意，但经历很多之后，我开始质疑，也许，这种表达方式并不是正确的。

因为经历过刻骨铭心的贫穷，所以把金钱看得特别重要；因为爱读书的我曾经被迫辍学，所以把读书看成最快乐的事。我自己的人生经历，使我铸造出一套属于我自己的基准，我拿着这个基准去理解他人和世界，以为爱就是让人衣食富足，人们理所应当都应该好好读书，珍惜读书的机会。所以，当我的儿子不符合我的基准的时候，我便找不到原因，无以应对，变得软弱无力，甚至以自己的基准强加于他，完全忽略了他身上的优势，眼睛只盯着他不能达到自己的标准的一面，越来越觉得他不堪造就。

我犯了这个世界上绝大多数人的错误，这个错误就是：我以为自己的基准放四海皆准，我以为人人都应该符合我的想法、观点、目标，我以为我以为的就是对的。也许我并不是在所有事上如此，但在对教育子女这件事上，我和大多数父母一样，以为自己是孩子的权威，理所应当比孩子更懂得什么是对的。

可是，当我们把自己树立为孩子的权威而不是爱的监护者的时候，我们变成了孩子眼中那个令人畏惧的存在，一切真实善意的沟通，会因为这种畏惧变得无法达成。我们和孩子之间的鸿沟就这样被建造出来，更重要的是，我们陷入自以为是的基准里，完全失去了理解，也失去了耐心，渐渐地，也就失去了对孩子的接纳。而一个不懂得接纳的人，已经丧失了爱的能力。

【超级链接】 // 智慧的教育从平和的性情开始

"有一次我打开冰箱,右手去拿大罐牛奶,结果没拿稳,手一松,就把整罐牛奶打翻了。当时,我吓呆了,缩在墙角,因为牛奶洒满厨房的地上,妈妈可能会骂我。可是,当妈妈走过来看到时,却说:'哇!我从来没有看过如此壮观的牛奶海洋,好漂亮哦!'我听妈妈这么一讲,突然就不害怕了。这时妈妈又对我:'你好厉害哦,妈咪长这么大,都没有看过这么漂亮的海洋耶,你愿意不愿意帮妈妈一起把牛奶打扫干净?'后来妈妈就拿着抹布水桶等用具,带着我一起把厨房打扫一遍,厨房很快变得干净无比。这时,妈妈又把我先前打翻的塑胶牛奶罐装满水,放进冰箱,然后再教我,怎么拿才不会打翻。就是必须用双手一起拿,这样牛奶才不会松掉,才不会打翻在地上。"

不由得不慨叹这位妈妈的克己功夫和教育的技巧,因为现实中面对这种情况,更多人会大发雷霆的。其实当一个错误已经发生,覆水难收时,你发再大的脾气,也于事无补,这既不能让已经发生的事情没有发生,也不能避免同样的事情再次发生。相反,大声责骂孩子,还会产生新的问题,使孩子更害怕、更恐惧,形成孩子懦弱胆小的失败型个性。还有一点不容忽视,父母是孩子最好的榜样,经常在孩子身上乱发脾气,将为孩子做出不良的示范。

天下所有的爸爸妈妈都希望孩子将来能有所作为,就应该磨炼孩子的自制力。而要做到这一点,父母要从自身做起,用自己的行动告诉孩子,脾气是可以控制的!

一个经常发脾气的父母,虽然不是撒在孩子身上,但也会对孩子造成深深伤害。有一位妈妈非常爱她的女儿,脾气也很平和,对女儿从不发脾气。但由于家庭遇到困境，有一段时间经常和孩子爸爸争吵，脾气变得焦躁，经常为一点事情就一触即发。女儿心灵受到严重的伤害，一旦发现父母不高兴，心情就低落。这种起伏的情绪一直延伸到她长大以后，自己的情绪非常容易受到外界的影响，很容易落入低潮。

天下的父母都是爱孩子的，只是不知厉害、不懂得分寸，常在不知不觉中伤害了孩子。实际上，现在的孩子非常能理解父母，只是有时父母并不懂得尊重孩子。

特别是上班族妈妈要兼顾公司工作与家务两项职责，因此时常会忙得焦头烂额。人若是长时间负担超出自己体力和能力范围的事务，难免会引发烦躁情绪。当身心俱疲之时却仍有堆积如山的事务等着她去处理，任谁都会感到烦躁不堪。

尽管如此，但我们最好还是不要在孩子面前大发脾气，或显露出自己暴躁的一面。坏事往往会比好事给人留下的印象更为深刻，尤其是对成长中的孩子，他们的特性是只会记住刺激性强烈或自己印象颇深的东西。即使你只在孩子面前发过一次脾气，孩子印象中你也是一位情绪烦躁、充满抱怨的母亲，而那种亲切、温柔的形象将荡然无存。

"我是你妈妈，你不听话，我就有权利向你发脾气！"父母不要以为孩子是自己生的就可以任意对孩子施为，其实孩子是属于社会和他自己的。父母这种不尊重孩子感受的举动，会影响孩子性格。一方面，孩子可能会由于害怕父母，而变得性格懦弱，对父母言听计从、逆来顺受；另一方面，孩子也可能对父母产生憎恶情绪，产生强烈的叛逆心理。

妈妈要勇于在孩子面前承认错误："妈妈以前经常对你发脾气是不对的，妈妈现在郑重地向你道歉，你会原谅妈妈的，以后妈妈会改掉那个坏毛病的。"这样的表达并不折损妈妈的权威，反而更能赢得孩子的尊重。

"一流的父母做榜样，二流的父母做教练，三流的父母做保姆。"姑且不讨论这句话的对与错，无论是怎样的父母，"榜样"也好、"教练"也好，"保姆"

也罢，都有一个共同问题要面对，就是如何处理自己的情绪问题。

父亲拿什么去教育孩子？就是用自己的风度。父亲必须在孩子面前表现出来的一种人格质量，尤其要在遇到逆境，遇到自己接受不了的人，遇到别人犯错误的时候。父亲表现出人格的风度，会带给孩子一种内心的力量。

而母亲的情绪对于孩子来说意义更为重要。父母成熟了，孩子就成才了。妈妈的性格与脾气，会直接影响孩子的心理发育。妈妈性格温和，孩子性情也趋于平和，内心世界稳定；妈妈如果性格暴躁、喜怒无常，孩子也心浮气躁，遇事情绪化，做事容易诸多不成。所以，控制情绪是做现代妈妈需要学习的重要一课。

在任何情况下，再苦再累再不顺心也不要对孩子发脾气，如果我们能把自己的丑陋的那一面录下来，会大吃一惊，情绪失控时候那种歇斯底里，简直像个疯子。

脾气的好坏和人的性格有关，而人的性格又和人的德行有关，性格是不容易改变的，但是德行却是可以一点一滴去修养的。当一个人的德行修养到成熟的水平，性格也会自然发生改变。

脾气暴躁的人一般都是比较冲动的人，通常都缺乏自控能力，在面对很多事情的时候常仅凭借自己的感性认识心理去处理问题；脾气暴躁的人说话以及为人处事常常带有强烈的进攻性，而别人的忍耐常常又助长了你暴躁的脾气。对于自己脾气不好这件事，首先要先承认，并且明白这是个需要丢弃的毛病。然后再有意识地提高亲子关系的认知度，并实际操练让自己在做妈妈这个角色上心智更加成熟。

妈妈要学的第一个字是：虚

很多妈妈很精明，一眼就能看出孩子的问题，而且忍不住很快就要指出来，这不是母亲的内涵。在看到自己孩子优缺点的时候，做母亲的都不要立即就反

应出来。为什么不要动？因为孩子需要空间去自己成长，母亲随意而过多地评价，往往使孩子丧失内在的动力，而更多在意母亲的反应。有的家长很纳闷，孩子在别人面前都很好，一回到家，一看到自己的妈妈就变了另一个人似的，变得急躁又不可理解。为什么这样？可能就是这个"虚"没做好。做不到不露声色的母亲，无法给孩子的情绪提供一个空间。孩子的情绪得不到母亲情绪的包容，要么变得谨小慎微，要么对抗性强，亲子关系难以顺畅。

妈妈要学的第二个字是：弱

母亲在孩子面前要学会示"弱"。强势妈妈的孩子很难自信，孩子的自信会在妈妈一直强势的状态里一点点削弱。能够在孩子面前示弱的母亲，实际上是通过示弱实现对孩子的托举，孩子的内心会因此逐渐自信而坚强。所以，如果希望自己的孩子自信，就要学会在孩子面前示弱。凡是对孩子一直强势的父母，实际上是在压制孩子的成长和发展。

妈妈要学的第三个字是：柔

在孩子的成长过程中，一个母亲真正的教育力量在于"柔和"。你会发现，越柔和的母亲，有时候带动孩子的能力越强，越是扯着嗓门整天对孩子叫嚷的母亲，则往往难以胜任真正引导和带动孩子的重担。

父母内心焦虑与浮躁，是导致孩子内心不安的干扰源。也就是说，孩子内在基础层面的支撑乱了，因此才会出现各种各样的问题。家长必须拥有情绪自控的能力，孩子出现问题时，你先不要急躁，先平静下来，把自己的情绪调整好，然后再面对问题。如何实现情绪的自我调控和管理，这是对家长提出的一个深层次的问题。"只有平静的内心，才有可能沉淀和吸收教育的理性思考"。只有父母的内心平静下来，才能把教育者对教育的理性思考沉淀到内心里面，沉淀为自己的一种状态。如果没有这一种过程，无法把它内化为自己的一种状态，你读任何教育理念都是无效的。因为不能内化和沉淀，你就无法拥有实施教育的资本，无法拿着教育专家的东西在自己家庭里去实现。

父母自身对教育素质的修养和提升，仅仅是实现家庭教育功能的开始。孩子们内心的逻辑，和成人之间内心遵守的逻辑思维是不一样的、是有冲突的。但是他们的这种逻辑未必是不好的，需要去开发、面对、指导。我们要反问的是：我们的教育储备够不够？我们的家庭教育能量够不够？我们的教育修养够不够？

在教育上，方法的力量是有限的，父母在教育孩子问题上真正欠缺的是什么呢？真正欠缺的不是方法，是状态，是父母的教育状态。现在有很多母亲的理性让人觉得可怕，在谈及孩子的时候，缺乏情感的基础，缺乏情感的支撑。母亲的这种理性在教育孩子问题上是很可怕的。教育的最佳状态在于一个"养"字。家庭教育重在养，而不在教。

孩子的各种各样的问题归纳起来就是心力的不足。养鱼重在养水，养树重在养根，养人重在养心。如果一个孩子的心在家里面得不到养护，得不到有效的滋养，天赋的聪明就没有基础；智商再高，没有恰当的、相应的心态支撑，天赋很难发挥。

我们先不讲孩子的心如何，先看看养孩子心的人，也就是父母的心适不适合养孩子，或者如何达到养孩子的状态。如果家长的心是冷漠、麻木或者是焦虑不安的，我们很难去点燃孩子对人生的热情。任何恶习的养成都是孩子对人生缺乏热情的表现，是一种因为不知如何面对而选择的逃避方式。不管孩子出现任何状态，请记住，作为一名母亲，保证自己情绪的平和，这是您对孩子最伟大的教育！

【岁月馈赠】

生活的排序：拥有家庭事业彼此平衡的智慧

据对上百个女企业家采访调查显示，几乎所有的创业者，最困扰她们的问题就是在生活中常常会面临一个选择上的两难：家庭和事业，到底要哪个？而且大多数事业成功的女企业家，都会留下对家庭尤其是孩子的愧疚，因为她们几乎都在这个艰难的选择中，首先选择了事业为重，无暇抽身，无法兼顾对家人的照顾。

其实这个问题本身就有问题，当一个人产生这样的困惑时，说明她已经把家庭和事业放在对立的、不可兼得的位置上了。也许有人说，难道不是这样吗？家庭和事业就是会冲突的啊，因为时间、精力都有限嘛，鱼和熊掌怎么能兼得呢？这样想似乎非常合理，但陷阱也就在这里了——因为你这样想了，所以必须这样发生！

很少有人知道很多看似合理的想法正是酿造不合理的存在的原因，我们的结局是由我们的想法决定的，当一个人看这个世界充满难题的时候，他就会举步维艰、步步坎坷。当我们内心存在着一个家庭和事业不能兼顾的观念的时候，你会发现兼顾起来真的好难。

所以，每一个想鱼和熊掌兼得，家庭和事业兼顾的人，首先要转变的是两者不能兼顾兼得的想法。当想法改变了，世界会随之改变。至于如何去做，那倒是非常简单的事了。

这世界从来不缺少方法，只缺少正确的想法，更缺乏不设限的想法。

否定思维是人生中走向成功的大碍，无论在什么事上，如果首先给自己种植的是"不可能"的想法，那么这件事就算最后做成，也是费尽周章而且大打折扣——你本可以得到更好的结果，但却因为自己"不可能"的想法，就真的只能得到一个"不可能"更好的结果。

所以，没有家庭和事业不可能兼得这件事。当你心里想着为了照顾家人、不得不放弃去做的那件事会少了你不行，结果，那件事真的会因为少了你而出错。把想法改成：这件事固然很重要，但今天晚上是一定要有陪家人一起吃晚饭的时间，这是不能更改的，这件事推迟一下或者交代别人来做，也一定会做得很好。

其实，很少有人去思考一件事：我们为什么创业？难道不是为了与家人更幸福的生活吗？如果以牺牲和家人在一起的时间，牺牲孩子的未来为代价，那么事业再成功又怎样呢？在事业和家庭的选择中，如果真要做出选择的话，家庭为优选次序。而之所以选择家庭的女人最后成了怨妇，是她最初的想法就错了，成全一个就必须牺牲一个的想法，本来就把自己放在了"受害者"的位置上，真正让她产生抱怨的是，她为家庭牺牲的"受害者"身份，而不是她没有智慧处理好家庭和事业的平衡。

【小故事　大智慧】

渔夫与富翁的故事

　　一日富翁在海边散步，看见一个渔夫悠闲地躺在沙滩上晒太阳。

　　于是富翁问道："你为什么不出海多打几船鱼呢？"

　　渔夫懒懒地问道："我为什么要多打几船鱼呢？"

　　富翁说："你每天多打鱼，多拿些到市场上去卖，你就能挣更多的钱啊。"

　　渔夫问："我挣更多的钱干什么呢？"

　　富翁说："你挣很多的钱，就可以在海边盖间大屋子，然后躺在沙滩上晒太阳了啊。"

　　渔夫说道："可我现在不正在沙滩上晒太阳吗？"

思考：大河千里，只饮一瓢，我们所一味追逐的，到底是什么？我们所一路丢弃的，会不会是我们一直想要握住的？在追求成功的路上，初衷莫负啊。

第二章
BLOOM

【开场白】

我们对生活的选择性常常表现为我们没得选,就像考试,考题是我们选择的范围,而进考场我们没得选。生活有时就像考场,注定要把你带入一个逼你选择的问题面前。而这个问题并不是你想要的,那么多选择题,可偏偏你抽中的是最难的一个。然而,大众化的问题永远无法检验出你的真实实力,你在容易完成的作业前更容易把自己定位成碌碌无为的众生。如果这样,你将错失精彩,也将错失讶异,而且会错失更多的爱和感动。

很多祝福都打着患难的包装,让人无法接受。就算不得不接受,大多数人也会弃置一旁不愿意打开看看;而有勇气接受并拆开包装的人,会获得人生最为珍贵的礼物。这礼物也许要多年之后才被发现价值,但其价值永远不会磨损、不会消失,也不会被人夺走。

晴空万里,海风拂面,带着海洋特有的气息。欧力墁站在游轮的甲板上,极目眺望,海天相接之处,一轮通红浑圆的红日,正冉冉升起。它负力般一点点从海平面上努力向上,仿佛想挣脱巨大的海洋的吸力,完成脱颖而出的梦想。它铆足了劲儿、憋红了脸,使出最圆满的姿态,终于在缓缓扬升到一多半的时候,一跃而出,脱离海面,霞光万丈,照耀千里波涛,如同碎金翻浪。

不妥协的成长

此时的欧力墁，作为中鼎恒生全球行政总裁，正带领自己团队的伙伴儿们，乘坐专享的度假游轮，航行在南海之上。看到喷薄而出的红日那一瞬间，仿佛一场最华丽的转身，一切隐忍负重都变成荣光普照，她禁不住涌出感动的泪水。

欧力墁从来不认为自己是个煽情的人，多年累积形成的"我绝不能倒下"的自我暗示，塑造了她冷静坚韧的性格。她没有想到，在无数次艰难面前从不肯落泪的她，此刻却被这日出的场景深深地击中。她从这一瞬间，仿佛看到了自己的前生今世，原来一切措手不及的发生，都会在你不甘摆布的意志里重写。看似曾经走投无路的患难，都孕育着一线绝路逢生的生机，除了上帝，没有人能对一个人宣判死刑，哪怕是处于四面楚歌的绝望之中，看起来毫无逃出生天的可能。

常常看到电影里必成大事的主人公，都会经历无数次死里逃生的劫难。常常以为那只是电影，生活中的遇上大灾大难的概率应该不会高于中彩。可人都说，生活比电影难多了。因为电影里演的都是别人的生活，而生活中万一遇到不幸，却都真实地属于自己。若说欧力墁的一路求学无比艰辛，这场艰辛中总会迎来最大的高潮，甚至让与求学有关的一切在高潮中戛然而止。

第1节　飞来的横祸

依然是冬天，欧力墁最凛冽的记忆总与冬天有关。

那时候正值高中的寒假，也是欧力墁一年中最辛苦的时间。之所以说是最辛苦，是因为和上学相比，大部分时间要用来干活儿。乡下的冬天本是农闲，但欧力墁的家里总是有着干不完的活计。最重要的是，她必须一天三次以上挑着白菜去集市上卖，为自己和弟弟准备下学期的学费和书本费。夏天卖西瓜，冬天卖白菜，是欧力墁最早的自力更生之路。白菜是自家种的，个个棵大饱满，分量十足，欧力墁要把白菜挑到十几里外的集市上卖掉。当时虽然已上高中，但她看起来依然像个小学生的样子，因为个子不高，又太瘦了。她弱小的身子骨儿最多一次挑六棵白菜，扁担两边一边一个箩筐，每个箩筐里放上三棵。她要走上个把小时才能到达集市，如果运气好的话，花个把小时把白菜卖光，然后再回家挑上一担，继续去集市上卖。

如果天气好，运气好的话，一天可以往返四五次，能够卖到三四块钱。这在当时已经算不错的收入了。但大部分时间是赚不到这么多的，有时候天气不好，雨雪交加，冷得令人无法忍受，集市上也没什么人，十分冷清，一担白菜蹲了很久也卖不出去。有时候卖不完还要挑回去。最惨的一次，在集市上待了一天，也只卖掉一棵白菜，赚了两毛钱。欧力墁还记得那次是一边哭一边挑着剩下的白菜回到家里的，在寒风中瑟缩一天也就算了，一天之中只啃了一块早上从家里带的硬馒头也没什么，这些欧力墁都能忍受，她感到难过的是，挨饿受冻还赚不到钱，更让她畏惧的是，回到家里，妈妈会问今天卖得怎么样，她难以回答。因为她实在不忍心面对妈妈那失望的眼神，这个时候她内心就会充满愧疚，好像白菜卖不出去全是自己的责任似的。

虽然不是每天都能保证卖得出去，但欧力墁依然风雨无阻地坚持每天往返

第二章　不妥协的成长

于集市和家中，就像她上学一样，从来没有想过要中断，即使再劳累，甚至生病了，只要能爬起来，她都会坚持去学校上学。有时候太累了，睡得太少，她会抓住课间时间趴在桌子上睡上一小会儿，所以同学们玩耍嬉闹的时间，她大部分都一头埋在书本中酣睡。她甚至养成了无视喧哗的能力，秒睡于吵闹的环境中，并且能够在上课铃声响起的时候，立刻醒来，揉揉眼睛，继续上课。

直到现在，欧力嫚也依然有个特点，就是无法承受别人失望的眼神，为此，她承担了很多本不该她承担的重担，她似乎天生有一种泛滥的悲悯心，一种凡事都自己扛的特质深深扎根在她的身上，把她囚禁其中，使她身边的人，更像藤蔓攀附其上。因为不想令人失望，所以她不断不断地努力和付出，只想让身边的所有人都满意。

为此，她把自己变成滴滴答答的时钟，准时准点、按部就班，成为所有人无法超越的规范。她有着极强的时间观念，自律性极强，在处理事情上，细心周到，事无巨细地事必躬亲，弱小的身体里似乎蕴藏着厚重的能量。这些，都与她从磨砺中养成的一些习惯相关。

那天是赶集日，人来人往十分热闹，瘦弱的欧力嫚一如既往地挑着白菜去集市上卖。扁担被压得弯弯的，她小心地避开人流，免得碰撞。虽然常年挑担子，她已经有能力驾驭自如，无奈她身体过于单薄瘦小，又挑着这么硕大沉重的箩筐，实在经不起冲撞了，若是谁不小心刮到她的箩筐，都会让她摇摇晃晃地失去平衡。欧力嫚的目的地是前面人流聚集的菜市场，南来北往的农户都会把自家出产的农副产品带到那里去卖。

难得冬天里有这样晴朗的时候，蓝天白云，阳光很好，也没有什么风。赶集的人很多，欧力嫚一边躲着人流一边暗自开心，看起来今天的生意一定不会差了。只穿着一件单衣的欧力嫚，走在明媚的阳光里，感觉没有那么寒冷。这对于欧力嫚来说，已经是一种奢侈了。她看集市上人很多，内心盘算着也许今天会早些把白菜卖出去，然后再跑三次，这样就可以很快完成任务，早点回家写作业了。近期的学习负担很重，她常常读书读到很晚，甚至妈妈会埋怨她点

灯熬油，说太费电了。

　　快要到菜市场的时候，后面来了一辆手推车，货物堆得挺高，推车的一路吆喝着"借光、借光"，就直接冲着欧力嫚的方向过来了。路比较窄，欧力嫚听到吆喝声，侧身一看，推车一直朝着自己的方向推过来，速度很快。欧力嫚有点慌乱，怕一旦刮碰到，自己挑着白菜会守不住平衡，就往旁边躲了躲。没想到身后突然驶过来一辆农用汽车，毫无征兆地一下子把她刮倒了，扁担被弹飞，白菜滚了一地，一只箩筐和几棵白菜被压扁，车轮从她的左边身体碾压过去。

第二章 不妥协的成长

她几乎来不及反应，这一切就发生了。出车祸了！出车祸了！人声喧哗了起来，四面人群聚集过来，欧力墁躺在地上，一时间没有感受到疼痛，却清晰地感知到自己左边的胳膊和腿都失去了知觉，嘈杂的人声似乎就在耳边，被放大了，又渐渐减弱。并没有流很多血，她昏死过去之前，巨大的疼痛感袭击过来，她脑子里清醒地明白自己遇上了车祸。

欧力墁再次醒来的时候，发现自己躺在医院里，她头脑里出现的第一个念头竟然是我的白菜担子怎样了？手术时打的麻药还没有过劲儿，欧力墁全身不能动弹，能动的只有大脑，她无比恐惧地想：这下完了，自己不能动了，还怎么卖白菜？还怎么上学啊！

欧力墁还不知道，自己是经过了几个小时的抢救，才活下来的。头脑重创、腹腔受损，这些伤都可以慢慢医治修复，最严重的是左边身体因车轮碾压造成骨折和肌肉神经受损，不能动弹，只能卧床。没有在车祸中丧生，已是万幸。

这场灾难是欧力墁一生中重要的转折点之一，因为这场突如其来的意外，欧力墁中断学业，人生进入待定状态，命运的大手已经牢牢地掌控了她，由不得她再做未来的畅想。她必须等待命运的宣判，因为医生说，一切有待观察，将来是不是能够恢复正常人的状态，是不是还能够站得起来，都不能定论。

就这样，她住院六个月，这六个月中，大部分时间都是躺在床上。冬天的病房特别温暖，她很久没有这样温暖地度过冬天，但那一个不需要忍着寒风去卖白菜的冬天，却成了记忆里最绝望的梦魇。因为在感受不到寒冷的日子里，欧力墁一样感受不到生命。她第一次明白了，风吹雨打、吃苦受累都不是问题，在温暖的室内享受悠闲也不一定是幸福，当一个人的内心无法平安的时候，就无法享受任何美好。比起扛着生活的重担艰难前行，这生活不能自理的日子，更让人无法忍受。使人备受折磨的永远不是肉体的磨砺，而是内心的艰难。

在住院的日子里，欧力墁觉得时日特别漫长，离开了命根子一样的课桌，以及累得要命的卖菜的担子，让欧力墁一时间找不到存在的价值。未来变得深不可测，命运在耳畔磨刀霍霍，欧力墁无法享受病房的温暖和闲适，一个个小手术和无尽的用药和检查,这些反而充实了生活的内容,最怕的是无所事事地听时钟滴答滴答,那种毫无存在感的空寂才是最可怕的。

欧力嫚的病床紧临窗户,透过玻璃窗,一枝寒梅正在绽放。欧力嫚卧床不能自由行动的那段时间,除了看书之外,最喜欢做的事就是凝视窗外的梅花。她甚至数着梅花树上的花朵,为它们起名字,每天都关注着它们的变化。她发现,这看起来很不起眼的小小的梅花,却有极强大的生命力。有几天接连雨雪夹击,天气冷得透骨,风声肆虐,窗户也糊满了雨雪痕迹,一连几天,欧力嫚都不能清晰地看到窗外的梅花怎么样了,直到有一天,日朗云开,阳光照进来了,玻璃窗上的冰雪融化,透过玻璃窗,欧力嫚看到,那株梅树傲然挺立,花朵上堆积冰雪,却依然不屈不挠里从雪白的冰封中怒放出一缕鲜红,花瓣儿新鲜红艳,花蕊挺立分明,丝毫没有被狂风暴雪摧残的模样,反而更显生命的活泼,绽放出一种内在的力量。

其中也有一枝折断了,折断的花枝上,有一朵孤零零的梅花。虽然枝子折断了,那朵梅花却依然鲜艳,完全没有蔫头蔫脑的颓然。欧力嫚每天都要看折断的花枝上的梅花,发现即使花枝断了,那枝子上的梅花依然绽放很久,丝毫不输于旁边健康的花朵。某天早上,欧力嫚再次看那枝断梅,发现梅花已经不见了,空留一段残枝。这朵梅花没有经历残败衰老就凋落了,这让欧力嫚十分惆怅,感叹良多。

欧力嫚从那个时候开始爱上梅花,爱上这凛冬中怒放的花朵,爱上它寒香独放、宁折不弯的性格。

欧力塱：上帝负责剧情，你我负责精彩

小时候脾气很倔强，一直不服输不认命，觉得自己生来就不够幸运，所以必定要靠自己去创造幸福。经历了许多坎坷，最终完成了小时候自我设定的梦想，也找到了幸福的理由。然而我却发现，我其实比大多数人都更幸运，而我的幸运，恰恰因为我比很多人拥有着不幸的经历，这曾经被我定义为不幸的、磨难的、痛苦的一切，都是成就我今天幸福的、荣耀的、成功的因素，如果没有这些，我不知道会变成什么样。

没有人会喜欢倒霉事，也没有人会渴慕痛苦。争取幸福是人与生俱来的本能，但是我们就生在这样一个不断产生磨难和痛苦的世界。所以，从一出生开始，我们的一切生活都在教育我们，人生不如意事十有八九，你必须努力奋斗才能逃脱悲惨的命运。因为这个观念种植在我们心理，一切的艰难才会产生。

这可能不好理解，或者换个说法：我们生下来就设定了人生不易，所以认定与自己心意不合的一切事都是逆境和重担，我们因此而感到艰难。

只是随着岁月的打磨，内心的通透，我发现所谓艰难并非依傍环境而产生，而是伴随心念而存在。真正的艰难不在乎外在环境的恶劣和不顺，而在于内心拒绝从这样的环境里发现价值。其实，真正的艰难只存在于一个人的内心，艰难的产生是因为不愿意接纳当下的发生，而依然停留在对过去的留恋和对未来的幻想，因为当下的一切无法再与过去和未来顺畅相连，互为因果，所以，我们难以接受当下的剧本。但我们并不是生活的编剧，上帝才是，我们最多可以当生活的导演。编剧负责剧情，导演负责精彩。而生活是没有彩排的，你所能悟到的，决定着这部剧的精彩程度。

【超级链接】 人生中当如何面对日常压力与重大变故？

俗话说："人生不如意十之八九。"好好生活的路上常常会有突如其来的狂风大作。面对降级、减薪，甚至解雇、离婚、丧子等变故，有些人反应过度，很长时间缓不过劲儿来；有些人却能很快释怀，重返正常的生活轨道。其决定因素是一种特殊的心理素质：心理复原力。有了它，人们不怕挫折；而缺少它，会特别害怕受伤害，不敢付出行动。

但面对重大人生变故的时候，人们反而比日常挫折更容易恢复，所以，人们对变故过于恐惧担忧甚至比变故本身更具有杀伤力。

不久前，纽约哥伦比亚大学的心理学教授乔治·伯纳诺教授在美国《新闻周刊》上发表了文章《一个国家能承受多少》，其中提到日本人应对灾难的奇异心理状态。

日本的确很特别。它是世界上唯一一个经历过核毁灭的恐怖，并存活下来的国家。根据美国随军记者乔治·维勒的回忆，长崎原子弹爆炸不到一个月，就有火车带来了返乡的幸存者。他们两手空空回到满目疮痍的城市，找出原来的家所在的位置，种上植物，重新开始生活。

其实，并非只有日本人如此。汶川地震后两天，刚刚安顿下的帐篷边上，就已有人摆起了麻将桌。智利、阿根廷、墨西哥都曾在地震的废墟上举办过世界杯。

"当变故发生时——天灾、亲人去世、恐怖袭击、流行病爆发，大部分人最初都会体验到一种深刻的震惊和迷惑。他们会暂时出现创伤的反应，比如睡眠困难、噩梦、抑郁、记忆闪回等。但1个月之后，幸存者的创伤反应会慢慢减少，到6个月之后，除了极少数仍被负面情绪严重困扰的人之外，大部分人都能恢复到正常的身心状态。"伯纳诺教授这样说。

借用一个物理学的概念——某些物体在外力作用下发生变形，当外力撤除后，便能恢复原状。人的心理也一样，在遇到变故或逆境时，最常见的反应不是被击垮，而是迅速恢复，通常不超过几个月就能重新回到正常轨道。这就是"心理弹性"。

"心理弹性"其实是一套心理免疫系统，它在应对短期压力时最为强大。比如，当遭遇地震之类的天灾，生命面临危险时，我们大脑中最原始的区域被激活，我们不可抑制地感受到恐惧和压力。于是，我们惊恐、战斗、逃跑或者麻木。这些都是本能反应，能有效地帮助我们动员身体和心理的防御机制，以最高的效率处理眼前的危险。灾难幸存者在早期常常有噩梦与闪回，无法入睡，容易惊醒，这些类似创伤的反应在短期内也是有适应性功能的，是身体预警的本能，逼迫你思考发生了什么，并从灾难中学习。

这样的应激反应可能持续几分钟、几小时，或者几天，但一旦灾难过去，心理弹性就会开始起作用——大脑中一系列化学元素会逐渐抵消恐惧引发的压力。所以，即使像汶川地震这样的大灾难，大多数幸存者也并不会留下多么严重的心理创伤。

但是，在长期压力面前，心理免疫系统的有效性就要大打折扣。日常的挫折与损耗，激发的不是恐惧，而是抑郁。在一个高压的社会里，你买不起房子，付不起房租，拿不到好成绩，或者找不到好工作，都会导致你的大脑经常性地警铃大作，压力激素持续喷涌，伤害和记忆与情绪相关的神经细胞，你同时在身体和情感上受到伤害。所以，比起突如其来的天灾，长期累积的心理压力更可能让一个人精神崩溃。绝大部分自杀的根源都是抑郁。

在面对日常压力的时候，人们需要建立"心理复原力"，它是个人先天具

有或者通过后天学习得到的某些特质，是个人自我控制的能力和一些积极健康的应对方式。

美国心理学家卢瑟将复原力定义为人面对明显压力或风险时的积极适应过程，即"无论处在什么样的挑战或威胁的环境中，人们都能成功适应的能力和过程"。

现在，越来越多的人开始从积极正向的一面探究人们的心理健康问题："为何同样是压力和挫折，有的人能很好适应，有的人会失衡甚至崩溃？""是什么促使人们更有效地应对生活？"如果人能被教会更具有复原力、更乐观，那么他们将减少抑郁、焦虑的机会，过着更有建设性的生活。

一个人心理复原力的强弱受许多因素影响。国外的心理学研究发现，一些天生容易焦虑的人和 A 型人格的人相对而言心理复原力会弱一些；另外，就环境因素来看，职场人士长期处在白热化竞争的气氛中，这种氛围不利于心理复原力的培养。人的心理健康状态是一个动态平衡系统，就像弹簧天生有弹性一样，每个人都有一定的"心理复原力"。如下举措可以帮你维持你的心理弹簧的弹性。

一、学会自我解嘲

面对因对比、反差、技不如人所产生的各种心理冲突和焦虑时，心理复原力的观点强调积极的认知方式，在患得患失的同时，应该学会"笑"自己，即能够幽默地洞察自己，保持某种距离凝视自己。勇敢地将理想的自己和实际上的自己对照，对差距感到坦然，甚至"滑稽"。在遇到突发事件而自己处于尴尬状态时，不是躲避现实或手足无措，甚至埋怨他人，而要自我解嘲，自搭台阶，缓和气氛，避免冲突。此时，自我调侃和贬抑的"阿 Q"精神值得提倡。

二、避免"恶性循环"

当遭遇失败或束手无策时，难免产生失落感，而随失落感所衍生的情绪反应，会使人悲观、失望、没有信心，甚至愤世嫉俗，出现各种不平衡的心态。这时要抽出身来，避免坏情绪的"恶性循环"。可以通过移情或者转移关注点等方式，不要执着于负面情绪点，以求得心理放松和复原。

三、取得"后院"支持

当被工作压力所困时，遇到不幸、烦恼和不顺心的事时，切勿忧郁压抑、把心事深埋心底，而应将这些烦恼向家人倾诉。对于现代白领来说，家庭和工作似乎是无可避免的一对矛盾，应该学会将压力在二者之间巧妙地转移和释放，让家庭成为心理复原的港湾。

四、适时放慢节奏

在工作和生活中适当地放慢速度，以欣赏的眼光对待周围的人和事物，开车时可以开慢些，骑车时可以骑慢些。丘吉尔说："为了得到真正的快乐，避免烦恼和脑力的过度紧张，我们都应该有一些嗜好，它们必须都很实在。在一个最苦闷的时期，是绘画搭救了我。"生活中适当娱乐，比如唱歌、下棋、打牌、绘画、钓鱼等，不但能调节情绪，舒缓压力，还能增长新的知识和乐趣。从事你喜欢的活动时，受挫的心理自然逐渐得到复原。

与日常压力相比，当人生面临重大变故的时候，除了人本身所具备的心理弹性可以保证我们安然度过之外，我们还应该从里面寻找积极的意义。

比如心脏病发作、父母病危、失业、车祸、离婚……这些都是可以改变人生的重大变故，导致人们做出重大决定。

美国婚姻问题专家苏珊·皮斯·加度亚在1986年遭遇了一起严重车祸，眼看非死即残，最后有惊无险。与死神擦肩而过之后，她决定不再耽搁，直奔自己的人生理想。她换了工作，开始规律锻炼，还在纽约大学上研究生——车祸永久性地改变了她的一生。

重大变故常使人们反思自己真正要做的是什么，自己的人生是否有意义，检视自我、工作、配偶、家庭和朋友。如果有哪些地方有所欠缺或者存在问题，人们就很有可能做出"大动作"。苏珊建议人们在做出人生重大决定之前注意以下3个问题。

一、变故后90天不做重大决定

你需要花时间来梳理和整合变故对你身心产生的影响。"要么现在就做，要么永远都没有机会做"的想法让缺乏自信的人们感到一种虚幻的紧迫感，很容易做出草率的决定。如果眼前的决定是对的，那么放在三个月后仍然是对的。你的重要选择应该建立在充分的基础之上，而不只是对重大变故的一种反应。

二、其他人也受到了变故的影响

不单是你，你关心的人和你在乎的人同样受到了冲击，例如你生病住院出院，你的财务出现好的坏的状况，你的父母去世等。在你做出下一步举措之前，应该把他们也考虑进来。

三、行动之前寻求外部的意见

无论意见来自于可靠的好友，或者是专业聘请的顾问，他们的反馈和指导都能让你的决策质量更高。

第2节 绝望的宣判

在欧力嫚卧床不起这段时间，她终于可以停下来安静地思考，梳理思想和未来。奇怪的是，虽然面对这样的自己内心会有对未来的惶然，但她并没有沉浸在不可控的已发生和不可知的未发生之中，而是很平静地活在当下，细心地感受身边的一切，脑子里瞬息万变地流淌着各种念头，却并没有多少纠结和疑问。

出院之前，医生做最后一次会诊。一系列的检查流水线般地走下来，欧力嫚几乎是麻木地跟从，对于未来，说不担心是不可能的，不管怎样安慰自己，内心总会涌出突如其来的恐惧。万一再也站不起来怎么办？这个念头像绳索一样捆绑着欧力嫚的心。她感受到等候宣判的滋味，犹如待宰的羔羊，一切都不是自己所能掌控。那一刻，也许是欧力嫚一生中最艰难的时刻。

三天后，是公布结果的日子。那天欧力嫚醒来很早，没有依靠旁人的帮忙，自己挂着拐杖，一点一点地挪动着去洗漱，她很小心地很认真地做这一切，内心不断翻起一个念头，也许以后永远都要这样生活了。但同时，她升起一种无比顽强的想法，绝对不能成为家人的拖累，所以一定要生活能够自理，不要依赖别人，也能做好基本的一切。持着这样的想法，欧力嫚几乎是把那天早上的一切日常自理，当成以后终身的功课来做的，她内心有一万步退路，只是为了夺回自己未来的主权，哪怕只是洗漱这样的小事，她也绝对不想假借人手。

如果真的连生活都不能自理会如何呢？这个疑问在欧力嫚最艰难的时候，甚至在床上起身都要人帮忙的时候，多次出现在她的脑海，这真是她之前从未想过的问题，因为从小的自立和顽强，让她从未想过有一天会完全依赖别人活着，自己有手有脚，有头有脑，爱学习，能吃苦，就算活得再差，都不会依赖别人生存，这是欧力嫚的生存底线啊。

所以,当欧力墁不得不面对这样的疑问时,她内心出来的第一个想法就是:这不可能!我绝对不会残废的!我绝对不可能依赖别人的照顾过着不能自理的一生,因为这不是我想要的!欧力墁突然觉得很愤怒,我不服!我绝不要那样的人生!我也绝不会放弃我想要的人生!这样的声音在内心响了几遍之后,欧力墁安静下来,不知从哪里来的一股子信心,她觉得自己绝对不可能成为需要别人照顾一生的人,绝不可能!

所以,当面临宣判的这天到来时,欧力墁内心已经做好了一切的准备,她准备接受一切的结果,她相信不管怎样的结果,自己最终都会拥有独立生活的

能力。而医生给欧力墁的结果是——以后可能再也站不起来了。从现代医学的角度讲,该治疗的都已经治疗了,剩下的,唯有交给上帝。

面对这种让人绝望的事,医生常常不会说绝望的话,所以医生告诉她,如果坚持按摩、锻炼,靠着自己顽强的意志力,也许有一天会重新站起来。只是概率很小,之前有过一些相似的病例,却从来没有过依靠意志力重新站起来的先例。

虽然欧力墁觉得自己已经做好了接受一切结果的准备,但听到这个消息,还是犹如晴天霹雳。原来自己还是过不了这一认命的关,吞不下那口不服的气啊。自己拼了命地付出、无限地努力,好不容易赚得的、看起来总有出头之日的未来,在这被宣判的时刻统统被无情的命运再次碾成了齑粉!怎么能忍?难道我真的就是命运爪下的败将?不能掌控自己未来的俘虏?我没有被看得见的人打倒过,难道却要被这看不见的厄运定论吗?欧力墁一遍遍无语无泪地在心中诘问,但却不知自己诘问的对象是谁。

曾经所坚持的都不能再坚持了,从小到大,自己一心一意想读书跳出命运,却因着命运开了这场恶意的玩笑,兜兜转转回到了最初。不能继续上学了,甚至不知道自己是否还能重新站起来。欧力墁离开医院的那天,正是初夏,一片生机勃勃的翠绿一眼望不到边,而这象征着希望的绿色却不能让欧力墁的内心透过一丝光亮。

欧力堃：一切患难都是自我突破的机会

我知道这世上有很多患难，命运的魔爪从来不曾放过无辜的人们。每个人都曾怀揣梦想，却没想到灾难随时可能发生。青春活泼、生命旺盛的我们，有时候走着走着，一个大难临头，立刻乌云倾覆，一路坦途变为沼泽，鲜花变为荆棘，虽然事未临头的时候，我们从来不会想到这种无妄之灾会临到我们自身的头上。

有些事发生在别人身上是故事，发生在自己身上就是事故。而最终一切怜悯和帮助都不能真正拯救你，你依然需要自身收拾山河、重整旗鼓，换个姿势昂然站立。若不如此，你的人生会彻底倒塌，一切祝福似乎再也与你无缘，只能活在对过去的缅怀和对现在的无力中，而未来却黯然无光、与你无关。

经历车祸之后，我无数次诘问，为何让这样的灾难临到我？虽然我不知道应该诘问谁，但假如这世上有一位全能的神，他必然能够听到我的诘问。我没有得到应答，但多年以后，一个答案却在我内心越来越分明——我知道，每个人都必须独立面对自己的人生，而人所能掌控的人生并不在于我们能够为自己做主安排命运，而在于不管在怎样的命运之下，我们依然能够发现人生的盼望和美好。命运妄图用各种患难抓住我们，但只要我们看透它的诡计，不被它所欺骗，就能够在一切患难中寻找新的机会，这机会恰恰会成为我们突破自我局限的踏板。

虽然当年遭遇车祸的我，并不清晰地明白这个答案，但冥冥中似乎有一种力量，在引导我朝着正确的路上行走，所以即便经历过痛苦纠结的挣扎，但都成为破茧而出的阅历。现在回想起来，虽然痛苦依旧让人不忍回首，但感谢自己当时能够很快接受一切事实，没有活在自怜自艾之中，也没有因着看起来一片黑暗、不可知的未来而丧失希望。这是多么宝贵的品质啊！

随着生活的阅历而不断成长的我，在以后的行走中，不断发现这个奥秘，就是不管经历怎样的患难，处于如何绝望的境地，都不要放弃对未来的盼望和对美好的信心，把这一切化为信念吧，然后你会发现，奇迹降临。

【超级链接】 // 在痛苦与绝望的另一面跳舞

文学家们有一个共识：当人类自野蛮踏过了文明的门槛时，就有了"相思"，有了回归大自然的永恒的"乡愁"冲动。在这份永恒的冲动中，找寻快乐是一个万古长青的话题。快乐是什么？快乐是血、泪、汗浸泡的人生土壤里怒放的生命之花，正如惠特曼所说："只有受过寒冻的人才感觉得到阳光的温暖，也唯有在人生战场上受过挫败的最痛苦的人才知道生命的珍贵，才可以感受到生活之中的真正快乐。"

托尔斯泰在他的散文名篇《我的忏悔》中讲了这样一个故事：一个男人被一只老虎追赶而掉下悬崖，庆幸的是在跌落过程中他抓住了一棵生长在悬崖边的小灌木。此时，他发现，头顶上，那只老虎在虎视眈眈，低头一看，悬崖底下还有一只老虎，更糟的是，两只老鼠正忙着啃咬悬着他生命的小灌木的根须。绝望中，他突然发现附近生长着一簇野草莓，伸手可及。于是，这人拽下草莓，塞进嘴里，自语道："多甜啊！"

生命进程中，当痛苦、绝望、不幸和危难向你逼近的时候，你是否还能顾及享受一下野草莓的滋味呢？如果你能，那一刻你便是超越了一切环境与自我，真实地品尝到了生命的真谛。

二战期间，一位名叫伊莉莎白·康黎的女士在庆祝盟军在北非获胜的那一天收到了国际部的一份电报，她的侄儿——她最爱的一个人死在战场上了。她无法接受这个事实，她决定放弃工作，远离家乡，把自己永远藏在孤独和眼泪之中。

第二章　不妥协的成长

正当她清理东西，准备辞职的时候，忽然发现了一封早年的信，那是她在她侄儿母亲去世时写给侄儿的。信上这样写道："我知道你会撑过去。不论在哪里，都要勇敢地面对生活。我永远记着你的微笑，像男子汉那样，能够承受一切的微笑。"她把这封信读了一遍又一遍，似乎他就在她身边，一双炽热的眼睛望着她——你为什么不照你教导我的去做？

康黎打消了辞职的念头，一再对自己说：我应该把悲痛藏在微笑下面，继续生活，因为事情已经是这样了，我没有能力改变它，但我有能力继续生活下去。

人生是一张单程车票，一去无返。在荷兰首都阿姆斯特丹一座15世纪的教堂废墟上留着一行字："事情是这样的，就不会那样。"隐在痛苦泥潭里不能自拔，只会与快乐无缘。告别痛苦的手得由你自己来挥动，享受今天盛开的玫瑰的捷径只有一条：坚决与过去分手。

"祸福相依"最能说明痛苦与快乐的辩证关系，贝多芬"用泪水播种欢乐"的人生体验生动形象地道出了痛苦的正面作用，传奇人物艾柯卡的经历更传神地阐明了快乐与痛苦的内在联系。

曾经是福特公司总经理的艾柯卡也是靠自己的奋斗拥有了令人羡慕的位置，但成功之后，他一度懈怠了。1978年7月13日，有点得意忘形的艾柯卡被妒火中烧的大老板亨利·福特开除了。在福特工作已32年，当了8年总经理，一帆风顺的艾柯卡突然间失业了！他为此痛不欲生，并开始喝酒，甚至对自己失去了信心，认为自己要彻底崩溃了。

就在这时，艾柯卡接受了一个新挑战——应聘到濒临破产的克莱斯勒汽车公司出任总经理。凭着他的智慧、胆识和魅力，艾柯卡大刀阔斧地对克莱斯勒进了整顿、改革，并向政府求援，舌战国会议员，取得了巨额贷款，重振企业雄风。在艾柯卡的领导下，克莱斯勒公司在最黑暗的日子里推出了K型车的计划，此划的成功令克莱斯勒起死回生，成为仅次于通用汽车公司、福特汽车公司的第三大汽车公司。

1983年7月13日，艾柯卡把生平仅见的面额高达8.13亿美元的支票交

到银行代表手里,至此,克莱斯勒还清了所有债务,而恰恰是5年前的这一天亨利·福特开除了他。事后,艾柯卡深有感触地说:"奋力向前,哪怕时运不济;永不绝望,哪怕天崩地裂。"

罗曼·罗兰说:"痛苦像一把犁,它一面犁破了你的心,一面掘开了生命的新起源。"这世界的真相就是如此,苦乐相伴,一体两面,绝境中扶摇直上,污泥中开出花朵。

如果你认为你一生中也不会陷入绝境,那么只能证明你正在走向绝境的路上;如果你已经陷入了绝境,那么就证明你已经得到了上天的垂爱,将获得一次改变命运的机会;如果你已经走出了绝境,回首再看看,你会说你从未发现过,自己比想象的要伟大、坚强、聪明;如果你已经成功了,你要由衷感谢的不是你的顺境,而是你的绝境。

顺境中,你收获的仅仅是代表财富的东西,然而大部分时间里,你是在不断地丧失,丧失着生命中原始的豪迈与激情。顺境是一种腐蚀剂和麻醉剂,让

第二章 不妥协的成长

你完成从呼啸山林的兽中之王到懒猫的蜕变,让你经历从将军到奴隶的转化。

绝境仅仅是一段距离、一个门槛,同样也是一次转折、一次醒悟和升华。在绝境中你往往会突破骨髓与血液中的樊篱,超越与俗人甚至包括你自己所见不同的常规,书写连你自己都不曾想过的神话。所以,绝境才是你的资本、你的证明。

一个人只要不甘心平庸,哪怕是有一点点想法,在把想法通过办法变成现实的过程中,都会遇到各种各样的难题、阻力和麻烦。人为制造的、客观存在的和偶然发生的,会让你感到时不予我英雄气短的无奈,会让你有穷途末路求救无门的尴尬。

人生之所以有绝境,是因为你要突破要挑战。身陷绝境,就不要诅咒。上天把一辆车交给你时,他首先会让你学习驾驶,或者是让你扮演一个死于车祸的角色。只有这样,你才学会控制,学会珍惜和理解。如果你在得到这辆车之前,你诅咒了或者放弃了,上天会把那辆车收回,让你永远不停地诅咒或者永远一无所有。

巴尔扎克说:"绝境,是天才的晋身之阶;信徒的洗礼之水;能人的无价之宝;弱者的无底之渊。"绝境是你错误想法的结束,也是你选择正确做法的开始。你不在绝境中发迹,就在绝境中沦落。自古英雄多磨难。一个平凡人成为一个领域的英雄或者成为一个时代的英雄,是挫折和磨难使然,因为英雄和平凡人的区别就在于,英雄在逆境中抓住了逆境背后的机遇,在绝境中创造了奇迹。而平凡人在逆境中选择了随波逐流,在绝境中选择了放弃。

什么事情,都是成也在人败也在人。失败者并不是天生就比成功者差,而是在逆境或者绝境中,成功者比失败者多坚持一分钟,多走一步路,多思考了一个问题。

他山之石,可以攻玉。他人之事,我事之师。看别人的脚,我们至少少走弯路,少跌跟头,多一个想法,多一道门。

切记,多一次逆境,就多一分成熟;多一次绝境,就多一次机遇。

第3节　决不放弃

也许那时候放弃了，就不会有以后的故事。人生的下一站，往往取决于一瞬间的抉择。欧力墁倔强的脾气，加上多年养成的精准目标的解决力，使得她回归了自己决不放弃的精神。不知从哪里来的一股子力量，她到家后，完全没有陷入自艾自怨的沉沦，也顾不上为自己可能造成家人一辈子的负担而自忧自恨，而是从心底里生出一股无根无基的信心——我一定会重新站起来！我一定会再次像正常人那样行走！我的一生决不就此画上句号，决不！

就这样，欧力墁重新找回了斗志，向命运发起了再一轮挑战！那一年的夏天，是欧力墁流汗最多的夏天。她每天几乎不停手地为自己按摩，只要有时间，就不断按摩失去知觉的肢体，哪怕手酸了、麻了、抽筋了，也只是甩甩放松下，恢复了就继续按摩。夏天屋内闷热，人心烦躁，但这一切都不能磨灭欧力墁重新站起来的信心。

这期间，她从没有过灰心的时候，即使在努力很久之后，以为会有一点点进步的时候，第二天突然被打回原形，状态甚至不如头一天，也不能让她灰心丧气。在别人看来堪称奇迹的事，在欧力墁心理却是理所当然——她始终不曾认为自己就此告别双腿走路的日子，她内心总有一股子力量让她相信，她一定能够站起来！

欧力墁自我按摩三个月之后，有一天感觉状态很好，走路时踝子骨感觉有力量了，似乎可以丢掉拐杖慢慢挪动几步。她先是挂着拐杖走了几步，慢慢把身上的力量从拐杖上转移到腿上，然后放下拐杖，扶着墙继续小步挪走，走了几步之后，她大胆地放开扶墙的手，尝试着用腿承担全身的力量，结果，在她松手的一刹那，几乎毫无征兆地，腿一软，刺骨的疼痛之后，她结结实实地摔在了地上，额头磕在桌角上，磕出一个口子，血一下子涌了出来。在没有脱离辅助之前，她明明已经感觉自己的腿很有力量了，可是真去尝试的时候，却是这样的完全不由自己掌控的结果。那一刻，欧力塴有种深深的无力感，对自己主权的失丧让她感到无助，但是，这也没有让她绝望和放弃，内心反而有种更加坚信的力量，她甚至想，我的腿没有力量没关系，只要我的心有力量，总有一天会重新站立！

多年以后回想那段日子，欧力塴也难以置信，为何内心从未停止相信自己绝对不会成为残障人士，一定会有站起来那一天。这次人生经历使欧力塴真实体验到相信的力量，所以在以后的人生中，尤其是事业打拼中，她从来不让自己失去的，就是相信！我相信自己能做到！我相信这件事一定成！我相信没有任何问题！我相信……相信成为欧力塴一生中最强大的力量，不管处于什么位置，做什么事，目标在前，相信必定跟随在后，直到终点，不死不休。

只是欧力塴在想到家人的时候，内心会生出一丝心疼。自己出了这么大的灾祸，拖累了父母很久，他们虽然叹息沉重，却从不曾不想背负这个包袱。心疼之后，欧力塴却更加相信，自己绝不会成为父母永远的包袱，她不但要站起来，还要成为父母的骄傲和依靠，将来的她一定会给父母带来好日子，她一直就把自己定位为家族的顶梁柱，并对此从不怀疑。

很多个夜晚，欧力塴睡不着的时候，为自己和家人的未来编造了无数的想象，在想象中，自己不但站起来自如行走，而且美丽大方、光芒四射，自己的家不再是破矮的房子，而是在电视里所看到的那样气派的洋房，有庭院有汽车，全家人围在宽大的饭桌前一起吃饭，其乐融融。那想象色彩鲜亮、栩栩如生，甚至多次出现在她的梦境中。欧力塴每次都深深地感受到这种梦境的美好，醒来之后，那种幸福感久久都不能退去。这更让她充满斗志，更加勤奋地自我按摩、练习走路。因为她坚信梦境的一切这就是她未来的场景，在等着她去一一实现。

在欧力塴不能站立的日子里，她格外喜欢阳光灿烂的天气。每当晴空万里无云，欧力塴都会躺在床上静静地看着窗外的一块蓝天，感觉蓝天离自己很近。那一刻她感受到人生很安静也很美好，看着碧空如洗，内心一片祥和。窗外有

  一棵老树,树叶老绿如沉静的碧玉,正是初秋,生命的迹象最浓烈的时刻,满眼都是蓬勃繁茂,看不出有一点秋后衰败的迹象。

  欧力堻思绪飘忽,想到病床前窗外那株梅花,那经历一夜风雨后折断的梅枝上,依然不屈不挠绽放生命的孤梅。她感受到一种生命的力量,内心思想:其实每个生命都可以很顽强,甚至超出自己的想象,如果说世上还有什么奇迹随时发生,就去看生命的力量吧。那重石下的小草,那冰雪里的寒梅,那秋风中摇摆的树叶,没有哪一种生命是甘心放弃生机的。所以,我也绝不会就此沉沦,我相信我一定能站起来!

  事过多年,每次回想这段,欧力堻依然觉得有点不可思议。虽然医生说重新站立的概率很小,甚至没有先例作为希望的稻草让她可以抓住,但她认真地回想了一下,自己内心却从来没有觉得自己真的就这样再也不能站起来行走了,她从未有过灰心和绝望,不管经历怎样的打击,内心依然会有一种积极的盼望。"我一直相信自己会站起来!"这句话成了欧力堻每次回忆必要反复声明的宣告，欧力墁通过这样的宣告表达：相信永远是不可忽略的力量！当相信与希望相连时，这份力量会被数倍放大，当这两股合和的力量再因为爱的缘故，就会发生翻转命运的奇迹。

一切霉运都会屈膝于永不妥协的顽强，这个道理也是欧力墁多年之后得出的人生结论之一。当一个人倒霉到不能再倒霉的时候，依然不被打倒、不肯沉沦、不愿堕落、不言放弃，命运的规则就会将指针缓缓拨向幸运的一边。否极泰来的喜乐年华开始跟随你，一切对于别人无法逾越的艰难，于你来说，都成了堆积成功的踏板，一步一跨越，直到登上成功的顶峰。

这时候，你会明白，原来命运的嘲弄都是假象，上帝不会让你所不能承受的试探临到你，真正沦为命运的奴隶的，不是没有清醒地看到真相，就是没有被生活锻炼出不易破碎的器皿。而这两点，欧力墁都拥有了，生活的磨炼让她拥有了坚韧不拔充满希望的性格，阅遍沧桑初心不改的简单让她拥有了洞察世事的智慧，没有什么成功是一蹴而就的，其中一切细节上的抉择，都可能写就完全不一样的另一场人生。

慢慢可以挂着拐杖一条腿走路了，慢慢可以丢下拐杖扶着墙两条腿走路了，进步是令人欢欣鼓舞的，但还是不能独立站立，很长一段时间，看不到有任何进展。这时候，也是最容易灰心的时候，欧力墁反复遭遇康复期的瓶颈，但从未出现过放弃的念头。相信，是欧力墁独有的必杀技，凡事百折不挠，只对精准目标投放意志力，以简单容易的方法彻底执行，即使反复跌倒，摔得头晕目眩，摔得满身瘀青，也不放弃，总要满血复活，爬起来再战。这是一场与病魔意志力的较量，欧力墁并没有使用什么新的方法，依然坚持给自己按摩。一年多后，病魔终于向她拱手屈服，离她逃遁，欧力墁终于站起来了！

欧力埵：只要不放弃就一直在成功的途中

　　我曾经痛恨命运，它给人不公。人生下来就没有平等，有些人一生都活得像个噩梦。但是，当我经历了命运的一再捉弄之后，我和它达成谅解。命运对于那些轻易妥协的人，绝对是一场诅咒，但对于永不放弃的人，它是最好的魔鬼教练。命运所给予你的一切磨难，都是为了有一天你能够承载上帝赐予你的最大恩宠，为你赢得鲜花铺地的荣耀和掌声雷动的敬意。

　　一念之上，晴空万里；一念之下，万劫不复。真正影响人的一生的，并不是显赫背景、聪明才智、能力超强，而是一个人是否有正确的想法。所谓的正能量，不是一种高明的自欺，不是面对困难的时候告诉自己没什么、不要怕，而是困难面前真实地面对内心的镜子，不逃避自己内心最真实的声音，那声音可能因着困难而变得遥远，因着眼前所见的障碍变得不可企及，但是，那并不是真的，真的只有一个，就是你内心的信念。真正的信念一经树立就不会倒塌，但我们常常不相信自己而怀疑信念本身的力量。

　　在我看来，人生没有失败者。哪怕到死，只要他没有自暴自弃，也可以做自己的英雄。我相信冥冥之中自有上帝之眼在鉴察人间的一切，他会用他权能之右手，帮助那些从不放弃的人们。这样，当你抵达成功的时候，你会在笑容中含泪、在荣耀中感谢、在尊崇中谦卑。

【超级链接】 真正的成功是永远保持希望并选择乐观

俄罗斯伟大的诗人普希金有这么一首诗:"假如生活欺骗了你,不要悲伤,也不要气愤,在愁苦的日子里要心平气和,相信吧,快乐的日子总会来临。"成功学大师拿破仑·希尔也说过:"没有人和东西能够换取希望对于人的价值。"所以,当我们面对挫折的时候,当我们身处困境的时候,一定要在绝望中给自己一份希望,因为上天在给你一份磨难的同时,也给了你一份智慧;在你绝望的同时,也给了你一份希望。

在一个偏僻的小山村里,住着一位年过百岁的老太太,她历经沧桑,但还是一样乐观地、充满希望地憧憬着每一个明天。

对一个女人来讲,人世间最残酷的事情莫过于幼年丧母、中年丧夫、老年丧子。可是,这个老太太,她几乎都经历了,不过她依然用希望来点燃着每一个明天。

年幼的时候,母亲因为得病离开人世,撇下了孤苦伶仃的她。19岁那年,她嫁给了村里一个老实本分的后生,不幸的是,第二年战争开始了,丈夫被征兵入伍,这一去再也没有回来,留下了她和没有出世的儿子。后来,许多人劝她改嫁。他们有的说,她丈夫做了军官,发了大财,不会再回来了;有的说,他已经战死疆场。可是,她没有改嫁,她相信丈夫没有死,说不准哪天就回来了。她甚至把家里收拾得干干净净,因为她想让丈夫回家就能够感觉到家的温馨。

就这样过去了十几年,儿子18岁那年,一支部队从门口经过。年轻气盛的儿子跟着部队走了,他给母亲留下一句话:"我要去找父亲。"

不幸又一次降临,儿子又如同丈夫一样音信全无,村里人又开始议论,说她的儿子已经在一场最激烈的战斗中战死了,她怎么会相信呢,儿子离家的时候是一个好好的大活人啊,哪能说死就死了呢?她还想,儿子说不定会和丈夫一起衣锦还乡呢,等他们回来的时候,说不定就会带着媳妇孙子一块过来呢!

年复一年,儿子和丈夫还是没有任何消息,但是这个合情合理的想象给了她无穷无尽的希望。她是一个裹了脚的女人,下地干活太费力,又收入少,靠一些绣花生意维持生计,由于她的勤奋,倒也积累了一些钱财。她告诉邻居说,她要把家里的房子盖成新的,然后买上最流行的家具,好让媳妇过来不觉得寒碜。

怀着这个美丽的希望,她健健康康地生活着,甚至没有得过什么大病,如今她已经过了百岁,但是,她依旧经营着她的绣花生意,甚至在想:孙子应该都已经娶了媳妇,而且重孙子应该已经很大了吧?

希望,就是一种支撑生命的力量,无论在任何时候,就如同这位老人一样,正是因为有了无穷无尽的希望,才有了活下去的信心和力量,才会从绝望中脱离出来,给自己以新的生命。

而希望来自于一颗乐观豁达的心,只有抱有一种乐观积极的心态,才能在绝望中给自己找到生命的台阶,而绝望中的希望足以支撑你一生一世。但是有人往往抓住往事不放,尤其是那些痛苦的回忆,始终也不想摆脱,就如同祥林嫂一样,哭哭啼啼,悲悲戚戚,看不到活着的希望,不能乐观地面对生活中的一些痛苦不堪的回忆。

创办新东方培训学校的俞敏洪说过:"人分两种,一种人有往事,另一种人没有往事。我真心希望大家能从这些故事中,读出一点人生的痛苦、一点挣扎、一点不屈、一点顽强、一点辉煌;我也真心希望,大家能从痛苦中读出快乐,从绝望中读出希望,从黑暗中读出光明,从迷雾中读出方向。"的确,在绝望中寻找希望,人生终将辉煌!

身处逆境的时候,不妨选择事情的另一面,来乐观地面对,女人更要如此,只要自己不看轻自己,那么你也一样可以取得最大的成功。

要保持乐观的心态首先要学会宽容别人，因为宽容是人和人之间必不可少的润滑剂。与人相处不要把对方理想化和绝对化，世间很少有绝对的善和恶。要能容忍别人的过错，你对人越宽容，得到的回报就越多。从而身处逆境时，会有很多人帮你渡过难关，教会你乐观地面对生活。

其次是顺其自然。因为人们很难预测下一步会发生什么，所以不妨坦然地面对，不要去预想事情最坏的结果，顺其自然就可以。

再次是凡事多往好处想，适当的时候多给自己积极的心理暗示。正如拿破仑·希尔所说："积极的人在每一次忧患中都看到一个机会，而消极的人在每个机会中都看到某种忧患。"

最后，不要自己否定自己，尤其是女性，总是认为天生就没有男性所具备的魄力，其实不然，从古代的花木兰到现在的许多成功女士都证明了这一点。

所以，乐观地面对生活中出现的各种事情，凡事多往好处想，绝望的时候学会给自己寻找希望，这样，生活中的每一个明天都将会充满崭新的希望，而幸运常常与希望结伴而行。

【岁月馈赠】

正面的思维：打开看危机与患难的眼睛

一个人最大的问题从来不是外在给予的，而是其思维方式造成的。人生并没有标准答案，但是人却有标准的需求——人人都在追求幸福快乐，没有人喜欢痛苦彷徨；人人喜欢鲜花和掌声，没有人喜欢枪炮和审判。

人之所以总期待一个标准答案，是因为人们以为自己的需求可以因着一个标准答案而满足，却没有发现，当问题来了，不管得到的答案是什么，其实与自己是否能够获得满足毫无关系，同样一个答案，可以让这个人心安理得，也可以让那个人坐卧不安。真正的答案并不在于答案本身，而在于答案是否成为你的。如果这个答案能够解你心结与心忧，让你心安理得或者心甘情愿，那么这个答案就属于你的，因为这个答案可以让你满足。而真正能够让你满足的答案，并不是外在给予你的，恰恰取决于你看待问题的眼光。

所谓"人之饴糖，我之砒霜"，真正的问题并不在于外在的那个东西，而在于你对那个东西的看法，更明确一点来说，也就是你对那个东西理解和接受的态度。

真正使人不同的，并不是一个人的才华、能力、知识、性格和特质，这些都是表象的区别，而影响一个人的人生走向和未来结果的，是这个人的思维方式和看待世事的眼光。

《圣经》说："你要保守你心，胜过保守一切，因为一生的果效是由心发出。"这里的"心"，即是指人格的活动中心，是知、情、意的根据地，高贵的

人格源于"心",正确的想法、健康的情绪和有价值的动机,会给心灵带来平安,而这平安才是让人幸福的根源。

当一个人拥有正确的想法时,便会拥有积极正面的思维方式,不管遇到怎样的艰难和危机,他都能从里面找到对自己有益的答案。他从不抱怨已经发生的事实,因为已发生的事实是无法更改的,所以不需要在这上面耗费精力。任何已发生的事实都是决定下一步如何行走的前提条件,这样的思维方式,能够让他理性面对一切已经发生的情况,并针对实际情况及时做出下一步如何行动的调整,将自己走歪了或者有拦阻的人生之路,再次调整到对准正确的、不变的方向,继续前行。

最重要的是,拥有积极正面思维方式的人,会相信一切发生的都是有价值的,区别只在于有人把它找出来了,有人没有找出来。那些只会抱怨的人,向来没有思考生命的意义和奇妙,总是怨天尤人,因此错失了无数生命本身带来的祝福。

孟子云:"天将降大任于斯人也,必先苦其心志,劳其筋骨,饿其体肤,空乏其身,行拂乱其所为,所以动心忍性,曾益其所不能。"如此可知,任何劳苦患难,不过是自我磨砺的契机,是承载生命的祝福以及上天的使命的锻造,而这一切是否成真,完全取决于人如何看待危机与患难的眼光。

如果你拥有了正确的思维方式,有着正面看待一切的眼光,你的人生会完全逆转，超越以往的辖制。人的重担大多数是思维里的混乱、情绪里的拥堵，正面思维可以恢复正确的思维秩序，让人的想法变得清晰而井井有条。思维清晰的人，也不会有情绪上的拥堵，即使有，也会很快疏通。思维清晰、情绪顺畅的人即使给他再大的重担也不会觉得劳苦，因为他能够轻松驾驭、游刃有余。

　　行动是想法的果实。当想法让人通畅、给人余地的时候，人就会心甘情愿，心甘情愿里蕴藏着源源不断的能量，这能量使行动产生足够的支持和力量，甚至发生惊人的改变。

【小故事　大智慧】

不同的理解

著名的德国犹太医生马可斯·赫尔兹总是坐着一辆写着MH的马车出门给人看病。

"难道你不知道希伯来文MH的意思是'死亡天使'吗？你的马车为什么还要用这么一个缩写呢？"他的朋友说道。

老医生笑道："哎，我说，你真是一个悲观者！在希伯来文里，你难道不知道MH还有个意思是'起死回生'吗？"

思考：同样的事物，不同的看法。眼光才是决定一个人的未来的关键。面对人生的一切挫折逆境，你到底该有怎样的眼光呢？深度默想"福祸相依"的古训，培养逆向思考的能力，建立一种在一切负面信息中发现积极价值的思维方式。

第三章
BLOOM

【开场白】

最好的事业就像谈恋爱,"梦里寻她千百度,蓦然回首,那人却在灯火阑珊处。"当你和你的事业邂逅,你发现它能给你从未有过的心动、一往无前的冲动、内心涌出"这就是我想要的"激动,并且会排除万难去行动的时候,这就是你可以大胆委身的事业了。

有人终身没有遇到真正的爱人,同样,有人终身也遇不到自己真正的事业。这不是运气问题,而是你对事业的认知程度与对自己的了解程度相融合之后产生的化合反应,这种反应还需要一种催化剂,那就是动力。只有动力达到足够的马力,产生足够的能量的时候,才会产生事业的良性运转。这动力可能是才华,可能是欲望,甚至可能是惧怕。但是,不管这动力的初始是什么,你都要让自己有足够的成长时间来让它转换成心甘情愿的热爱。否则,即使成功,也不会长久。

"欧总,剪彩马上开始了,请您移步到剪彩现场。"

中鼎恒生全球行政总裁欧力嫚身着白色CHANEL最新款职业装,领口别着一朵经典的山茶花胸针,在司仪的引导下,走出贵宾室的长廊。白色高跟鞋

不退缩的创业

一步一扣的步伐,优雅利落,笃定稳健。当她现身众人面前的时候,周围响起一阵热浪般的欢呼和掌声。欧力塆向大家挥手致意,笑意盈盈。这一天风和日丽,阳光温暖。

"见证精彩和奇迹的时刻到了!有请欧总、扶总、刘总、盛总,共同为湖南双鼎文化传媒有限公司的成立剪彩!"

随着激动人心的音乐节拍,一条彩带被剪断,礼炮响起,数万气球升空,满空飘洒着美丽的花瓣雨。人们欢呼庆祝,彼此拥抱,情不自禁。欧力塆不断地被一个个热情的手臂拥抱着,耳边不断听到人们在说:"欧总,谢谢!感谢你,欧总!"

这一刻等待很久,但毕竟没有来迟。对于欧力塆来说,这一幕是早晚必要发生的场面,在她开始从事美容行业那天,她那份永不言退的特质,就在她内心种植了一个声音:有一天,你会把公司做到不同的领域,会把事业做到全球。

这样的梦想,会把自己吓醒的!

第1节　上班的时光

时光回溯到二十年前。那一天，是欧力塎终生难忘的日子，因为，她终于再次站立起来，可以自己走路了！

经过一年半的时间，500多个日子，几乎每天不间断的自我按摩，一次次跌倒又爬起来继续的走路练习，从挂着双拐到挂着单拐，再到双手扶墙，到能够短时间双腿站立，再到一小步一小步挪动向前，三五步一摔，十来步一跌，终于，到了这一天，她可以独自站立起来，慢慢地双腿走路了。

那500多个不能独立行走的日子，翻过去的时候只觉得那是一瞬，而身在其中的时候，却漫长如整个人生。当她终于能再次站立起来，像一个正常人一样走路的时候，她有一种恍若重生之感。虽然一年半的时间在一生中并不算很长，但足以改变很多人事，拉开很多距离，重写很多故事。

那时候，她已经因为这场车祸，离开了学校两年多的时间。她曾经回到辍学的校园，站在校门外看校门口进进出出的学生们，几次想走进去却没有勇气。同届的同学们都已毕业了，曾经熟悉的校园显得无比陌生，此时如果回去继续学习，也许还可以努力考上大学，虽然年龄大了些，但以自己的学习能力，这些并不是问题，只是，为何没有一心想回去读书的想法呢？

欧力塎反复自问，发现真的不再如最初之心，内心变得复杂多了，却也更加通透。复学需要一笔费用，自己的病情已经拖累家里很久，根本没有更多的钱来支付这笔费用，而且未来考学的费用可能更高，以自己现在的身子，想不到还有什么方法能够赚得足够的学费。站在校园门外的欧力塎，比起两年前那种执着于考学的自己，多了份成熟和冷静。虽然面对梦萦魂绕的校园有着诸多情怀与不舍，但她非常清楚地知道，这次自己是真的要告别校园了，结束自己一心向学的学子生涯，她必须要重新整理自己的生活，给自己的人生确立新的方向。

不管基于主观想法还是客观条件，回去读书已经不可能了，欧力嫚前半生执着于读书升学的梦想似乎走到了终点。然而，热爱学习的心未变，"知识改变命运"的信念未改，超强的自学能力未丢。

在欧力嫚无法行走的那段时间，她并没有放弃学习。除了每天必要的自我按摩之外，还有一个必须要做的事，就是学习。那时候的欧力嫚读了很多书，都是小伙伴儿帮她从图书馆借来的。以前太专注于学校课本的学习，欧力嫚并没有读过多少课外书，也没有时间，那时候一切业余时间都用来做工赚钱。现在终于有了闲暇时光，可以大把大把用来读书了。她在这段时间里读了大量的杂书，各种类型、各种题材，涉猎广泛、内容博杂。

正因为有了这段阅读时光，欧力嫚的思想和内心也发生了很大的变化，一种以前没有的东西在内里悄然滋生，无声无息地生长。她开始重新带着第三者的眼光来审视这个世界和自己的人生，她不再容易被情绪所牵引，更多时候喜欢站在远处和高处看全局。她感受到自己的心胸变得更加宽广，眼界也变得更加开阔，思考也容易走向更深。只是在领受知识的同时，她从未忘记与自己的人生相连，她明白她如此学习的目的是要改变命运，而不是把诸多的知识信息塞入大脑，以便随时拿出来向人炫耀。如果所学不能致用，她便觉得那是一种对时间的谋杀和对精力的浪费。

这种实用学习法的心态一直贯穿了欧力嫚的一生，所以虽然她斯文秀气，但在她身上看不到多少书卷气。她只是把自己所学的并能够在现实生活中用到的内容夯实在了心底，不能用到的尽快丢弃忘掉。在博杂的知识猎取中，她从未转移自己努力的方向，从未修改自己奋斗的初衷，只是曾经模糊的信念、粗糙的梦想，在她一点一点的成长当中，一笔一画地被描画、被添加，终于有一天，她内心那个改变命运的小梦想，被仔细设计成一张栩栩如生的蓝图，并在她不断成就的路上，无限扩张、无限放大，最终成为一生中最为完整、最为细致、最为华丽的作品。

离开校园放弃考大学的欧力嫚，当时并没有多少遗憾，或者说，她没有时间浪费在遗憾这种丝毫不能产生价值的情绪上。她紧锣密鼓开始规划人生，万丈高楼平地起，一切还得从一步一个脚印开始。

欧力嫚选择了打工，她找到一份并不很消耗体力的、工时也不很长的工作，非常适合她，虽然工资低得很，但现在的欧力嫚不需要承担学费，倒也可以满足日常需求。她之所以选择这样的工作，目的是能有更多的时间和精力自学。当时成人高考十分流行，很多失去考学机会的社会人员都借着这个机会重新获得高考机会，补足自己残缺的学子梦。欧力嫚当然不会放弃这个机会。

所以，欧力嫚在选择打工的同时，开始了自学生涯。以欧力嫚的学习能力和勤奋程度，仅通过一年的自学就考上了武汉工业大学。作为一个理工科的女孩子，成天接触的都是与建筑工程相关的事，实话说，这并不能使欧力嫚发自内心去热爱，这更像她必要完成的一份上大学的梦想，她为这个大学梦付出了太多，如果不达成所愿，对自己都觉得无法交代。

因此，欧力嫚对学业的态度仅仅停留在一个学子必要完成的任务的层面上，并没有注入太多的热情和精力。但擅长学习的她依然以优异的成绩顺利毕业了。毕业之后，她被分配到当地的房管会上班，因为学的是工程系，工作内容大概就是搞搞预算、做做绘图，非常适合她的身体状况的一份工作。每个月拿150元工资，在当时不算多，也不算少。在很多人眼里，一个柔柔弱弱的女孩子，有这样一个铁饭碗的工作，算是不错了。

不管怎样，从一个夏暑冬寒中走街挑担、挥泪洒汗卖力气赚钱，到冬暖夏凉坐办公室拿固定工资，绝对算得上是一个质的飞越。欧力嫚也会这样自我安慰，虽然这并不是她的目标，但此时，欧力嫚才有了自己的人生终于开始了的感觉。

然而贫穷并未离开。虽然欧力嫚有了稳定工作，拿固定工资，但是家里还有两个弟弟需要供养。为了把钱省出来供弟弟上大学，她从每天吃三顿饭缩减成每天只吃中午一顿饭，本来就不强壮的她更加瘦弱了，幸好她当时的工作只是坐在办公室,并没有多大的体力付出,为了保持体力让自己尽量不那么饿,她很少让自己大量活动。于是,安静的她便把时间用于看书学习。

后来回想起那段时光,欧力塽竟然觉得有点幸福:能够独立赚钱,拥有自由读书的时间,还有什么生活比这样更好呢?虽然依然贫穷,几乎没有尝试过饱腹的滋味,但内心却是充实又快乐。那时候,她把赚取的工资大部分都补贴家里了,自己留用的只是很少的一部分,除了日常必备用品之外,能削减的开支都削减到最低。作为一个女孩子,正值花季年龄,但她几乎没有做过任何同龄女孩子要做的事,比如逛街、买衣服、吃零食、看电影,甚至交男朋友都是奢侈的事。比起这些大多数女孩子热衷的事,能够帮到家里,更让她有成就感和幸福感。

能够用自己所赚取的钱来帮衬家里,一直是欧力塽矢志不渝的信仰。在以后的人生中,她一直自动自觉地将家族的重担接过来扛在肩上,忘记自己是个女儿。生在农村的她,并没有像自己的乡里乡亲那样的思想——女儿早晚是别人家的劳力、泼出去的水,不需要寄予厚望;儿子才是家里的顶梁柱,怎么投资都是应该的。而作为女儿,也无须装得像个儿子,家族的担子不需要女儿担当。

欧力塽完全没把这个陈旧的思想当回事,她这份主动承担的特质也成为她日后能够成为团队领袖的根基。任何付出都不是徒然的,它在浓缩一个人的价值。这价值放在使命的天平上,上帝按照你所担负的责任添加砝码,并按照砝码的重量给予赏赐。

欧力墈：学历代表过去，学习力代表未来

我一直觉得自己并不是一个头脑聪明的人，尤其在学习这件事上，我所付出的努力和勤奋，是很多学子无法相比的。当然，我可能比很多人天生热爱学习，因为我从小就被种植了学习是人生中最重要的事，只有好好学习，才能拥有未来的想法。

所以，不管人生遭遇什么，我从未放弃过学习。在我看来，这是一个人最宝贵的权利，只要你不被剥夺大脑，你就有学习的机会。若不是经历人生重大变故，遇到车祸这样的事，也许我还没有这么深刻的认知。

曾经一心想不断考学，做到博士的位置才好。但天不如人愿，我无法继续自己的学子梦。但上帝在关上一扇门的同时，为我打开了一扇窗，让我反而因此发现了学习的真正目的。我放弃了自己所执着的学历，真正开始证明自己的学习力。一个人在学校里所学的很多知识到了社会上都无法发挥，一纸文凭只是帮你跨过求职的门槛。真的进入职场，一切都要重新开始，所要学习的，绝对不比学校所学的少，而且，这是活学活用的考场，没有预习也没有模拟考试，考试结果直接影响人生，并不像学校里一次挂科可以重新再来。

所以，真的到了社会上，人生才是真正开始。之前在大学所学的一切，都应该用来磨砺自己的思考分析能力，健全自己的心智和人格，除了专业领域的知识，更应该具备社会生存能力的常识。我看到很多大学生走出学校之后，无法认清自己，肆意唯我，这样的心智在社会上怎么会不碰壁呢？

都说人不能教育人，生活才能，当一个人在社会上拿着死理撞南墙撞得头破血流的时候，才算学会人生的第一堂功课。我们所生活的这个时代，是最坏的时代，也是最好的时代。坏在再也没有铁饭碗供人一生无忧，好在天空辽阔大海宽广，你是鲲鹏，就可以遨游海天之间。因为，你所学的并不代表你所得的，学历只能代表过去，学习力才代表未来。

【超级链接】 /生命不息，学习不止

保持事业常青的秘诀是永不停止学习

商业作家 Tom Peters 曾经说过："事业其实就是自我塑造的资产项目组合，在这个过程中，它不断地教会你新的技巧，获得新的体验，培养新的能力，发展新的同事圈，和不断地塑造自身的形象品牌。"

这世上最优秀的民族莫过于犹太人了，拥有十分之一诺贝尔奖奖金获得者的犹太民族，拥有世上顶级财富的罗斯柴尔德家族，无可否认犹太民族有着优良的教育体制，其中最重要的一点，就是他们对学习的态度。

在犹太人看来，不论一个人的年龄有多么大，也不管他有多么贫穷，只要他是人，就应该学习。因此，犹太人认为学习可以使自己永葆青春，还可以通过学习而获得"财富"，取得精神上的富足。

如果一个人来到天国裁判所，说："我很穷，整天被饥饿所困，没有时间学习。"那么，他就会被问以这样一个问题："你比希莱尔还穷吗？"

希莱尔是一个穷人，他每天都辛苦地干活，却只挣到很少的一点钱。他用收入的一半来维持自己和家人的生计，而另一半用来去学院学习。

一次，他没有挣到钱，自然也就被学院的门卫挡在门外。知识的吸引力是巨大的，在它的驱使下，希莱尔爬到了教室的房顶上，把头紧紧贴在冰冷的屋顶上，透过玻璃屏息倾听智者施玛和阿弗塔扬讲课。此时，外面正下着鹅毛般的大雪，不一会儿，就将他覆盖起来，但他听得非常入迷，终夜没有挪动一下位置。

第二天清晨，施玛对阿弗塔扬说："兄弟，你发现了没有，天已经亮了，但这间屋子还是有些暗，是不是外面阴天了？"

他们抬头向上看，发现屋顶有一个较大的物体。于是，他们爬到房顶，发现了希莱尔，他被大雪覆盖，冻得失去了知觉。他们把他背下来，给他洗澡并涂油，然后把他放到了火炉旁边。

两位圣人说："这个人的求知行为多么值得人敬佩啊，愿上帝保佑他。"

只要生命没有停息，犹太人就不会停止学习。对犹太人来说，学习跟吃饭、睡觉一样重要，每天必不可少。犹太人认为到达天国以前，人必须要不断地学习，不能有任何的松懈。所有的犹太人一向秉承着这样一种观念：肯学的人比知识丰富的人更伟大。

这世上事业保持长久成功的人，都是永远不会停止学习的人。强不可破的事业来自源源不断的学习。学习的含义很广，学习是一种能力，也是一种态度，相比于学习的内容，态度和能力更加重要，而相对于学习的态度和能力，保持学习的渴望和激情最为重要。

那么我们如何加强学习的渴望呢？是我们什么都必须学习吗？不知道谁说过"我是真的讨厌学习新的东西"，诚然，当我们习惯依赖于舒适的大脑思考模式，经常会忘了什么事是重要的，从而进入一种会导致"自我休克"的狭窄视野，譬如经历了一天疲惫的工作后，与其花一两个小时进行深入的学习和思考，不如点击影片网站来得更吸引人。

找到并能稳定在一个行业内工作几十年的想法如今已经过时了。当下，频繁的职业变化不是稀奇事。就像一个持有会计执照（CPA）的会计师变成瑜伽指导员，或者一些人离开他们从事了近10年的工作去追求艺术。这些转变和意识上的重塑虽然看上去很困难，但是给了我们重新去改变自己，改变生活的勇气和信心。

在如今飞速发展的网络化时代，可能在短短几月内发生公司或者职位的升迁变化。你现在在做的事情，可能马上就有一个免费的功能软件代替你，你的工作职位，可能下个礼拜就会调换，没有人是永远安全的，没有职位是永久安逸的。

很多人渴望学习扩展社交圈以及重塑自己，这种渴望会频繁地出现在你的脑海里并不断增强。而那些成功者，就是能够正确审视自己的思想并能够付诸行动增强这些能力的人。

因此，要拥有学生式的思维，将自我教育和自我学习变成每天的日常习惯，在你原有的优势基础上，为自己增加新的筹码和能力。那么，当时机来临时，也许一次重要的转变就不会变得艰难和麻烦了。

你需要一些方法来点燃学习的激情

向过去的英雄学习

伟人的美德是优化自己的目标。

——Michel De Montaigne

当你拥有一个心目中的英雄（榜样），你就会有朝这个更高的标准去追赶。在你从事的领域选一个人，持续向他学习。

"这是他们在自我反省的时候做的事情"或者"这是他们每天早上做的事情，确保自己把该做的工作做完了"。这不是说不断地比较使自己变得毫无价值，毫无能力，而是一种激励，让你勇敢地发现属于你的节奏，发挥更多的努力。

我的很多榜样都已经过世，或者如果他们活着，我也无法见到真人。对于他们的学习和了解，大部分是通过书本、采访，或者与之相关的文章，他们的名言警句充满了我的笔记本。每当自我怀疑时，我会重新读这些句子来找回我自己。

这样不是很好吗？

当你去碰不该碰的事情时，你的指导老师或者会拍开你的手，对你说，"hey，我曾经经历过这些，下面是你应该做的。"真相是，你可能永远都得不到这种指导老师。等待一个人来指引和评判就像等待好事发生一样，概率小之又小。

但你可以自主选择你的榜样，学习他们的工作和安排，分辨那些使他们变得伟大的特别因子，把这些学到的应用到自己的生活中。甚至，你可以学习到是谁鼓舞了这些人，从这个角度去完善你的认知。

充分利用免费的教学资源

在最大的变革时代，你怎么可以平白挥霍每一天？在最容易了不起的时代，你怎敢甘于平凡？

—— Seth Godin

技术使我们进入了一个信息被完美聚集在一起的时代。通过书本、广播、博客、在线资源和工具，你可以学习任何主题的课程。相比以往，我们可以更便捷地接触到这些可以加强我们学习欲望的工具。想象一下你的曾曾祖父了解到你可以接触到所有这些信息，他们会非常震惊你没有整天的阅读和学习。

一个简单的例子，我在 2013 年 12 月开始学习绘画。

我的第一个想法是，我应该在大学里选一些选修课，但是每一门课都会花 1000 元。作为替代，我在网上搜索，找到一个素描绘画课，只要 20 元就能学习技能。我在 Youtube 搜索"绘画的 101 个技巧"然后学习那些共享的视频。我在 Instagram 上 Follow 那些艺术家，学习他们的素描，观看他们不同时间段的视频，同时，向一部分的艺术家发 Email 询问他们一些问题。我买了书，虽然只是粗略地浏览过，但毕竟，我看了它们。这些我从不同渠道获得的知识的的确确丰富了我的思维，提升了我的能力。

这些便利我们自学的工具和平台每天都在更新。相比 20 年前，现在的我们更容易忽视我们现在所拥有的工具和选择的价值。总之一句话，好好利用它们吧！

探索陌生的领域

创新性的想法经常来源于不相关的领域，发掘原先未曾相关的想法之间的相似性，即便是既定的想法也有无限的可能性。

——Sir Ken Robinson

假如说你是一个图形设计师，为什么不学一些古希腊建筑，或者时尚之类的东西？又或者说你是一个健身教练，为什么不学一些公共演讲或者读一些知名运动教练的传记？

学习中最大的乐趣是学习一些看上去毫无关联的事物，然后把它们和我的兴趣联系起来，甚至把毫无联系的点串在一起，使我得以挖掘新的观点，发展一个更全面的认知。这有助于发展交互孕育的想法，实践性的创新和探索边际效用。

如果你发现你经常吸收同类信息，那就改变它，深入挖掘你不了解的主题同时提取有用的观点。现在看来这可能不是非常重要，但是谁又知道未来会有什么样的改变。搜集很重要，联系更重要！

将学习变成习惯

教育是别人对你做的行为，而学习是你自己为自己做的事情。"2B 铅笔"不能让你攀登学习的顶峰，我们需要学习的是如何学习。

——Joi Ito

始终对学习保持渴望是一项会带来丰厚收获的资产，你将会一生受益。没有这种难以抑制的对自己和周边世界的了解的渴望，我们就会停滞不前，我们会对自己所知道的事情感到莫名的知足和安定，并且觉得不存在其他需要学习的东西。这是多么可怕的想法和思维模式！大千世界，总会存在一些我们可以学习的东西来丰富我们的生活。

当然，学习并不是一切。在这些理论之上，参与实践、讨论和实验也非常的重要。

罗马斯多葛派哲学家 Seneca 说："如果智慧是只能独占而不能共享，我会拒绝他。只有在可以分享的时候拥有一件事情才会有价值。"

不断地学习是一个长期的过程，有时你可以很快收益，但绝对不是一份赠予你的礼物，它让我们保持一颗谦卑的心来承认自己还有很多需要学习，需要提高，在我们认为具有深刻意义的事情上全情投入。

学习的路上非常实用的方法

和小伙伴组织小组学习

每一天我都在尝试深入和大家探讨我所学到的知识，这个有用么？为什么？怎样将其应用到生活中？我是怎么发现这些东西有用的？这些元素是啥？为什么我发现不了，理解不了？你可以和任何人讨论这个。每天花一个小时简单讨论一下你觉得有趣的事情，邀请你所尊重的人参加你举办的酒会和晚餐聚会，分享一些具有挑战性和反驳性的文章和想法，同时仔细观察别人是如何思考问题的。

将所学应用到生活

阅读和信息武装了你的思维，但是你真正把他们应用到每日的生活中了吗？当你读到一些可以真正提高你的工作能力的东西时，你真正的运用他们了吗？学习可以帮助优化你的生活方式，帮助你做更正确的决定，只搜集知识却不实践是愚蠢至极的事。

怀疑一切

一个朋友送我了一个非常有趣的回忆录，作为回馈，我把笔记本里记录的一句名言写了下来。写完之后我突然有个奇怪的想法，以前的我从来没有想过，那就是重新再搜索一次这句话。30分钟后，我发现了这句名言是虚构的，这个作者从来没有说过这句话。在一次采访中作者否认了这句话，而这个采访就在 Google 的第二页上。

辩证审视你周遭的一切，学会亲自验证，保持永远的好奇心，不要停止问为什么，逐个检验并明白每一部分的功能，抱着怀疑一切的态度学习，会培养你更为严谨的学习态度和求真的精神，并让自己更具敏锐的分辨力。

分享你的学习

每当看完一本书，我就会在博客里写一些我所学到的东西，把书里的每个点，每句话用我自己的思维和方式重新表述和思考，整合过去的已知信息，结合新的信息，进行融合和连贯，也是一种对新知的巩固方式。当然，你可以不公开分享你不希望让别人看到的东西，那就准备一本自己的日记本，随时记录自己的灵感和想法，当你重新审视和回顾时，就会发现自己的欠缺点和需要改进的地方，使得日后能够花更多的精力和时间在这些方面提升。

拥有随时记录的本子

智能手机时代，随时划一划手机，进入某个软件，就可以查看过往所有的学习记录，通过语录、轶事、隐喻、研究报告、音频等内容，就相当于获得一个巨大而又条理的知识数据库。每当我想在书中标注一些字句，或者我在访谈中听到的非常有趣的故事，我会记录下来，附带着作者的名字、来源和页码。我会在这些句子前注明几句话，说明这句话是关于什么，我可以将它与什么主题联系在一起。如果今天过得很糟糕，我会在我的文档中搜索"处理逆境"。我会从很多思考者那里得到一堆的观点和解决办法，就像是我有了很多导师在我身边。

第2节　创业的梦想

一直到欧力嫚的两个弟弟大学毕业参加工作为止，她才终于脱离了贫穷达到了保证日常温饱的水平。供养弟弟顺利上大学对欧力嫚来说是理所当然的责任，也是她一直进取不敢懈怠的动力。人说穷极思变，安逸中则会不求进取。但对于欧力嫚来说，无论贫穷还是安逸，都需要新的目标和动力。这也是欧力嫚的特质之一，不知是在什么时候自动生成的，也许她天生就是那种闲不下来的人吧，就算是什么也不做的时候，她的大脑也从不安宁。

经常在安逸静止下来的时候，欧力嫚的脑子里不断地冒出新的念头，面对新鲜事物和新生行业，她自动就会产生探索研究一番的心思。对做生意的事，她并不陌生，她具有商业上独有的敏感嗅觉，这不仅仅是来自她12岁就开始做生意的老道经历，更多是来自天赋中对经商领域眼光独到的预感。也许，当一个人永不满足于现状，渴望发挥更大的潜能的时候，这份更有担当的眼光就会将下一个更大的舞台拉到她的面前，让她忍不住上去跳舞——在赚钱这件事上，她具有天赐的灵性，是一个天生的舞者。

所以，在90年代初期，美容行业新星初现，美容院经营刚刚开始，欧力嫚就嗅到了这个行业无比繁荣的未来里，充满了财富的味道。那时候的欧力嫚，并不了解自己在这个世界将作为怎样的存在，也不明白她所产生的价值将怎样的影响他人。此时她眼中所看到的价值，依然还是闪闪发光的金钱。因为童年关于贫穷的记忆过于深刻，而现在的生活也远远不能让她以及她的家族永无后顾之忧。赚钱，仍然还是她生命中的首要目标，一切选择，都无法不围绕着这个核心。

那天，欧力嫚看到上班经常走的路边，开了一个美丽的门店，上面写着"XX美容院"。明亮的玻璃窗里，粉红色的蕾丝窗帘遮掩着，十分浪漫温馨的感觉，又充满神秘感。一向对新鲜事物充满好奇的欧力嫚被强烈吸引，忍不住就走了进去。前台出来一个美丽的女人，热情地接待了她，她好奇地刨根问底一顿询问，这个女人一直耐心地给予解答。她以自己敏锐的直觉预感到这个行业的前景，于是亲自体验了人生的第一次美容。在她躺在美容床上接受服务的那一刻，一个决定同时产生了——我要学美容，我要开美容院！

当时的欧力嫚作为一个正值花季的女孩子，对美丽充满憧憬。只是从小到大，从没有摆脱过经济上的困窘，所以女孩子所热爱的一切，她并没有享受过。很少买衣服的她，却一直懂得如何打扮自己。每次需要买衣服的时候，她总会把各种可能的因素考虑进去；每次选择一件单衣，都要斟酌款式和颜色，以能搭配自己其他衣服为原则。虽然衣服并不多，但因为每一件都可以有多种搭配，每种搭配都能显出不同的风格气质，以至于很简单的装扮也会吸引很高的回头率。这让她感受到美丽的魅力，有魅力的事物一定会产生不可估量的价值，美容行业就是如此，它的诞生说明女人们对美丽的追求如此切实、永无止境。

欧力嫚深知女人的弱点，她想起自己也曾节衣缩食，每天省下一餐饭钱，攒了一个多月，只为了买一管口红。女人为了美是不惜代价、舍得下血本的。自己经济条件那么不好，爱美之心却从未稍减，只要有可能，总要添置些可以让自己更美的东西。将心比心，还有什么能比让一个女人变美更令人心动呢？心动之下，又有什么是舍不得的呢？欧力嫚心里越来越笃定，开美容院绝对是一个很有前途的生意，一定会让自己赚到钱。

在当时想开美容院的念头，还是比较超前的。一个新兴领域的开始，会有百分之九十以上的反对率。敢为天下先的人永远是极少数，成功的人首先需要远见和胆魄，而两者之间，胆魄比远见更为重要。当一个项目不被众人看好的时候，人很容易被外来的声音所干扰甚至左右，即便看好这个项目，也可能被嘈杂的反对声搞得垂头丧气；胆识不够的人，往往就会让梦想搁浅，使信心伤于灰心，就此收拾妄念，偃旗息鼓，只等再过个三五年，在眼巴巴看着先下手为强者的成功中追悔莫及。

道理很多人都懂，但是敢坚定迈出那一步的人，还是不多。欧力嫚对美容

第三章　不退缩的创业

行业的信心带着强烈的预感性，就如当初她坚信自己不可能就此站不起来一样，这份无由来的坚信同样适用于此时此刻她对于美容行业的选择。因为坚信，一个人的内心会变得强大起来；因为坚信，一个人的眼界会更加开阔，思想会长出翅膀，一种从未有过的执着的热情会洋溢出来，变成智慧。这就是梦想。

当时的欧力嫚并不知道梦想的定义，她只知道，她一定要学美容，要做美容院。这份热诚让她变得能言善道起来。依照惯例，这类事情往往最先遭受的是父母的反对，欧力嫚也不例外，父母强烈反对她想做美容院这件事，说放下好好的工作不做，去学什么美容！她可以理解父母的想法和心情，在当时来说，明明有着稳定收入并且前景不错的铁饭碗，非要打破自己去寻求什么创业，还要担当很大的投资风险，实在不是一个家境刚过温饱线的人应该考虑的事。传统思维里的"求稳求同就是福"的想法，把任何变化都视为没必要发生的危机，所以，父母千方百计地想要阻止这场危机的发生，也是情有可原。

在达成梦想的路上，常常要先过的关，就是亲人关。欧力嫚一直是个孝顺女儿，在父母眼里又能干又懂事，但是这件事上，父母觉得她胆子太大了。可是欧力嫚多年凭着自己的努力为家里付出，在父母眼里也不是一点没有话语权。所以，她以非常生动的语言，为父母描述了一个未来一定会发生的美好画面。

爸、妈，我知道你们爱我，所以你们担心我选择错了。但是女儿已经长大了，总会有自己想要做的事。而且，你们从小供我养我已经付出了很多，我非常想早一天能够好好供养你们，让你们不再被贫穷烦忧，不再为不能给儿女更好的生活操心。开美容院对我来说是一个极好的机会，对我们家来说也是一个改变命运的机会。

现在看起来这个行业刚刚开始，消费很高，能消费的人不多。但是在我看来，正因为这样，这个行业才能赚钱。我卖了好多年的西瓜白菜，累成什么样子你们都看在眼里，你们心疼我从早到晚辛苦一天也不过就赚个块八毛的，但是你们知道吗？美容院一个客户做一次美容，赚的是我半个月的工资！我一个月做两次美容就顶上我上班赚的。而且，这个行业前景无限。你想，爱美之心人皆有之，尤其女孩子，哪个不爱美呢？宁可少吃点都要买漂亮衣服，所以，美容这个行业永远不会没有人需求的，只会随着人们生活水平的提高，需求越来越大。

我现在学美容开一家店，只是一个小小的起步，但是凭我的学习能力和吃苦的精神，一定会大有作为。现在开店的人也少，竞争的人也少，而且我看好多人学美容都是没有就业门路才去的，她们学习能力一定比不上我。所以我只要做了，一定不会输给别人的。你们相信我吧。

我欧力墁今生最大的愿望就是能靠着自己的能力赚钱养家，改变家族贫穷被人欺负的命运。我一定能做到！我看好美容这个行业，我相信我踏踏实实做，一定能做好。我做好一家店之后，我还要在各地开分店，让全国各地都有我的店，所有的店都是一样的色彩装修，都一样的温馨浪漫，让女人进来就不想离开。事业做大了，我还要开公司，把所有店都统一管理，统一宣传。再做大了，我还会做生产化妆品的工厂，聘请科研人员开发更多更好更受女性欢迎的产品，铺遍全国……

欧力墁沉醉在自己的描述中，连她的父母也听呆了。的确是非常美好的前景啊。"别做梦了！"老爸一句话打断了欧力墁的描述，梦醒了回到现实，必须面临一个很实际的问题，就算支持你做美容院，还需要最基本的东西：钱。

没钱。怎么办？借！当欧力墁脱口而出"借"这个字的时候，父母和自己都被吓了一跳。借钱是一件大事，尤其是借钱做生意，那动辄也要成千上万的数字啊，这对一个普通年收入最多几千块的家庭来说，那是一笔可能倾家荡产都无法偿还的数目。再说，就算真的去借，也只能跟亲戚朋友借，那时候有钱人并不多，有钱也未见得会借给人做生意，就算借也不见得能够借得来，就算人家愿意借，也不见得有钱借啊。

所以，当欧力墁宁肯借钱也要做美容院的话一出口，父母就说："想得容易，上哪儿去借？你去借给我们看看。"欧力墁说："好，只要你们不拦阻，我就算每个亲戚朋友都拜一拜，也要借钱做。我相信我一定能赚到钱！"

欧力嫚话出口了，立刻就开始行动。她真的挨家挨户地去找亲戚朋友，一个个跟他们描述自己的梦想，为了借钱。实话说，欧力嫚在亲戚朋友中，一直留有很好的印象，大家都觉得她能吃苦、懂事、靠谱，也觉得她的梦想听起来很美，好像不错，但真正能够拿出钱来帮忙的却是不多。有一些人是有心无力，也有一些人并不相信事情可以成功，不是对欧力嫚不信任，而是对做美容院这件事心存疑虑。游说亲朋的结果并不乐观，只有一部分人愿意借，但数目都很小，完全不够投资。但这也没有打消欧力嫚决心要做美容院的热情，她把所有可以借钱的人的名字都写在了小本子上，一个个去找他们谈自己开美容院的梦想，被拒绝后又一个个划掉他们的名字，眼看着剩余的名字越来越少，而手里的钱离预期目标还相差很远。

在欧力嫚全力以赴借钱这段时间，她的父母一直在默默地看着她东奔西跑，没有发表什么意见，也没有拦阻和反对。终于有一天，父母把她叫到跟前，把一个定期存折交到她手上，这是欧力嫚父母多年来的全部心血，存了十年的死期，一直没有舍得动用。现在也没有到期，但是，欧力嫚的倔强和决心以及对未来无比坚定的信念终于打动了他们，他们也看到了她一往无前的力量，所以，两位老人再三商量，斟酌许久，终于决定牺牲多年定期的利息，提前取出这笔存款，也是他们的全部积蓄来支持欧力嫚的创业。两位老人把存折交给欧力嫚的时候，手都是颤抖的。欧力嫚明白这存折的分量，多年节衣缩食所积攒下来的这笔钱，里面包含着弟弟们的结婚钱、自己的嫁妆钱，甚至是父母防老预备的过河钱，差不多相当于二老一生的家底，这份沉重全部随着存折移交到了欧力嫚的心里，她明白自己的第一次创业所承载的是什么，那是全家人对她的信任和期冀，是押上一切的委托和激励，是她决不能失手、必须得胜的战役！

一旦决定了，欧力嫚立刻开始行动，三天后，她登上了开往长沙的列车。火车开动的一刹那，她看着车窗外还向着她挥动手臂的父母，热泪就模糊了眼睛。这是一次不能回头的路程，她必须成功！她兜里揣的是父母沉甸甸的血汗和希望，她将要奔赴的是自己挂满以信心结出的果实的未来。

欧力缦：这世上没有人能够阻挡你一定要做的事

什么是梦想？梦想就是无人能够阻挡的事。

若不能成真，不能称之为梦想，只能称之为幻想。

因为，这世上没有人能够阻挡你一定要做的事。

真正能让一个人成功的，并不是他做了什么，而是在做了什么之前，他想了什么、怎么想的、想到什么程度。这个世界是照着一个人的想法来成就结果的，行动力也是靠想法来支撑的。若想法不到位、不坚定、不具体、不深刻，就不会真正产生行动力。想法若是到位了，方法随之而来，一切困难都不是问题，一切拦阻都会成为踏板。所以，从本质上讲，在抵达梦想的目标之前，任何放弃都是逃避，任何逃避都是借口，任何借口都是梦想尚未成熟。

当我决定要做美容院的时候，我没有一项条件是能够达成的，首先要放弃的东西太多，都是好不容易得来的，在当时所有人眼里都是绝对宝贵的东西。其次要钱没有钱，要技术没有技术，根本就是要啥没啥的状态。一边要放弃手中一辈子的保障，一边要担着风险白手起家做完全没有任何保障的事，这在当时来看，就是疯了。

为什么人人都往成功的路上挤，但真正能抵达成功的总是极少数人？就是因为，你还不够疯。你还没有成为别人眼中的异类，没有变成无所畏惧的疯子。在创业的路上，疯子是极少数能看到未来的人，更是内心信念无比强大，强大到不会被任何言论影响、反而会影响他人的人。一个真正信念坚定的梦想家，上天会赐给他无穷无尽的解决问题的智慧和能量，会在他通过九九八十一难考验之后，为他打开一路鲜花铺满地的成功之门。

【超级链接】沟通的智慧：如何在创业中获得强大后援团？

"沟"者渠也，"通"者连也，"沟通"本身的意思是借助某种渠道使双方能够通连。

爱要说出口，任何一种沟通其实都是如此。沟通首先是语言交流的艺术，但不仅仅如此。沟通之前自己所预备怎样的心态和动机，沟通过程中用怎样的姿态和语言，以及细微的表情和动作，都会影响沟通的效果。

如果想在自己的创业中取得同伴和家人的支持，正确的理解沟通，并拥有有效的沟通能力，是非常必要的事，掌握沟通的艺术，不仅仅能建立良好的人际关系，与家人关系融洽和谐，更能获得强大的后援团。因此，沟通是必须学习的一门功课。

沟通之前不要假设

沟通中最先要做的是，你得愿意沟通。无论是陌生人还是亲朋好友，对方是否是这个意思或者已否明白你的心意，只有对方才能决定。不要假设，若不肯定，找他谈谈。

在人与人之间的关系中，可以减少的假设便应尽量减少。大部分人都同意夫妻之间可无事不谈，但是，很多夫妻很少分享内心的感受，有什么不满意都只是隐藏在心里，要对方瞎猜。夫妻都是这样，家人、同事、朋友更不用说了。

若是两个人之间存在冲突，只有这两个人可以真正解决。第三者的出现，只能把问题延后，即使暂时得以处理，也可能产生后续问题。所以，任何沟通的基本原则就是直接面对。请记住这句箴言吧：可以直接谈的不要经由第三者，带着坦白、诚恳、关怀的心，什么都可谈。

当以寻求冲突解决为沟通目的的时候，一颗坦白、诚恳、关怀的心，可以说明你在乎的是两人的关系而不是强调本人的优越地位，这更能给对方空间，减少沟通本身带来的压力。

沟通需要营造良好氛围

建立和谐气氛能使双方感到安全而无须启动自己的保护机制。和谐气氛需要我们精心营造，恋人间浪漫的烛光，朋友间惬意的谈笑，父母子女间平静的关怀，商务伙伴间轻松的晚餐，等等，都是有利于有效沟通的良好氛围。即便是在一份不太协调的关系里，也可以找到双方都感到平静愉快的时刻，找到一个舒适、安宁的环境，这时的交流才更有建设性。

表达信息的方式有很多种，无论是面对面还是背靠背，无论近在咫尺还是远隔天涯，有关联的两个人都可以找到自己的方式去表达信息。当然，不同的方式传递着不同的信息，亲切微笑意味着喜欢、接受，呢喃软语传递的是一份爱意，吵架对骂中的语音语调、身体语言和所用的文字，是为了表达出不满意某些事情或者不能接受对方的一些言行；不理睬对方则是用沉默表达"我不愿意与你沟通"的信息。

所以，沟通的方式也林林总总，绝对不仅限于我们一般所理解的对话、书信来往、传真电邮等，吵架对骂、不理睬对方也是沟通方式之一。

但在沟通时我们需要留意一个原则：一个人不能控制另一个人，也因此不能推动另一个人。每个人都只能推动自己。所以，当别人清晰地发出了不想沟通的信号时，我们只可以伸出邀请的手，而无法勉强对方接受。

若环境允许我们有所选择，我们可以让对方知悉我们想沟通的意愿，让对方在适当的时候再与我们沟通，以给沟通保留最大的机会。

倾听并正确理解是沟通中最重要的条件

沟通是一方发出信息，另一方接收进去，并且做出回应。当沟通用非语言的方式进行，倾听将需要用眼睛完成；当沟通用语言的方式进行，则倾听将需要同时用眼睛和耳朵进行。更积极的倾听还需要用上嘴巴、心甚至整个人。有了足够的倾听，我们才能清楚准确地了解信息发出方的意思，因而才能够做出最正确的分析、感受，并且做出最符合所需的回应。

在另一方面，倾听并不是只听到对方的文字及其意思，更重要的倾听是：对方语言文字背后的信念、价值观、规条和对方对自己"身份"的定位。若有问题、争吵或冲突，真正的原因总是在这里找到。

对方说话时的语音语调和身体语言。这些显示出对方的内心状态，尤其是他的情绪感受。嘴巴可以说出很多好听的话，但是语音语调和身体语言真实地显露他内心的真正立场。

不要以自己的生活经验作为判断标准

我们人类倾向于以自己对世界的感知作为对事情的评估标准，这就会缩小我们的视野，很多的时候我们会用自己的标准要求他人，在家庭中更是常常会出现这样的情况，而且，这些要求往往会出现在"爱"的名义之下。

比如，一对在婚姻中非常不幸福的父母，在他们的生活经验里，离婚是一件羞辱的事情，所以，他们虽然一辈子不开心，但是他们始终没有离婚。他们的子女在成长过程中，因为缺少一个健康的内在父母形象，很可能子女的婚姻也会出现各种各样的问题。

但是，当子女提出离婚的想法时，父母可能会百般阻拦，对于父母而言，他们可能会感觉自己是为了孩子好。其实，很可能是他们自己没有解决的对于丧失婚姻的恐惧投射在了孩子身上，是他们自己无力摆脱糟糕的婚姻，但是他们更愿意相信如果孩子离婚就会把生活搞糟。

实际上，当父母阻拦孩子离开不幸婚姻的痛苦时，既可以将离开婚姻的焦虑投射给孩子，从而缓解自己的焦虑；又可以避免因孩子有能力做出尊重内心的选择，而产生的对孩子的嫉妒。

要大胆表达真实的情感

人是很复杂的情感动物，在我们内心，爱恨情仇，都会真实地存在，父母子女之间，兄弟姐妹之间，恨、愤怒、失望等让我们不舒服的情感是一种无法去除的存在，恰恰是这些情感的存在，才让我们的生命变得生动起来。而这些情感的存在，本身就是在表达一些未被满足的，对爱的渴望，只不过是用了这样的一些痛苦的体验来感受到它们。只有当我们对这些不舒服的情感有能力接纳更多时，我们才有机会与之和平共处，并且有机会去接近这些情感背后的渴望。

在家庭生活中，因为对这些不舒服的体验缺乏足够的理解，在想象之中如果真实地表达这些情感就会破坏家人之间的关系，所以这部分情感会被隐藏起来，但是，隐藏不等于影响就不存在，它们总是会从其他的地方以其他的方式冒出来影响人与人之间关系的，因为伤害性已经被隐藏起来，但对方又可以清楚地感受到攻击的存在，却没有机会真正去面对彼此的情感，所以，这种隐藏的攻击，对关系的破坏性可能会更大。

比如，如果一个哥哥在成长中感觉父母更疼爱弟弟，他可能内心就会有很多的委屈和愤怒，但是因为是哥哥，他又禁止自己去与弟弟争夺父母的关注和爱，因为他在幻想中认为如果自己表达了对父母宠爱弟弟的愤怒后，可能会更加失去父母的宠爱。

在生活里，很多时候，我们是被我们自己内心的幻想吓坏了，而不是被事实吓坏了，因为幻想中那个困难的存在，就会阻止我们在现实中去做一些努力，去获得一些改善，伤害性体验就会一直保存在内心。

在后来的家人相处中，他可能潜意识中为了避免不断体验自己是不被重视

的、不被爱的那个孩子,他选择在空间上远离家人生活,或者是减少与家人的来往,其实这个远离背后就隐含了对家人的攻击,只不过是一切在现实中看来非常合理,但是伤害感一直是在彼此内心的。

所以,不说出来,并不会促进关系的健康发展。当然,表达这些痛苦情感,并不是要去和家人战斗,而是用非攻击性的方式说出自己的感受,比如说"当你……的时候,我感觉……"因为表达的只是自己的感受,对他人并没有进行攻击,所以不至于唤醒对方的攻击性情感,这样才有可能给双方一个机会,去理解彼此的内心世界,而不是用回避的方式积累更多的痛苦体验。

沟通误区：说的太多，听的太少

家庭里是会有很多暗流涌动的，家庭成员之间，也会有权力的竞争。家庭中的层级天然地赋予了父母更高的权力，这在孩子小的时候是没有问题的，随着孩子长大，尤其是到了青春期之后，孩子的独立思想越来越强，父母面对孩子的独立若没有做好准备的话，就很难接受，于是两代人之间的冲突会越来越强。

有研究显示，当父母有能力放弃对青春期孩子的掌控冲动时，孩子的青春期就过去了。这个放弃掌控，就意味着承认孩子的独立，接受他作为一个独立的人，有自己独特的想法、行为方式、人生观念等等。放弃掌控的标志之一，就是开始愿意听孩子的想法，而不是努力将自己的想法强加给孩子。

在人际交流中，听比说要重要得多。我们要听的，不仅仅是字面的内容，更重要的，是语言中传递的情感，传递的期待，等等。所以，听，是一门大学问。这也是为什么心理咨询师在工作中，听起来只是说了非常普通的话，可是就是有治疗的意义，因为咨询师的话都是在深度倾听的基础上，加上了基于理论假设的干预，若缺少了倾听和感受作为基础，咨询师是很难有效工作的。

在家庭中，同样如此，家人之间的沟通，听比说重要。但很多时候，家人是难于倾听的，因为当我们努力去听时，也意味着我们主动放弃了对事情的控制权，而这，需要内心有非常强的安全感才能做到。在家人的沟通中，越是希望被听到，越是难于去听别人，也代表了对自己的信任感、确定感不足。在这样的情况下，拼命地去说时，其实是把内心的大量焦虑投射给了别人，接收到这些投射的人也会被唤醒大量的焦虑，于是也开始用不断地说的方式把焦虑再度扔回来。在这样的情况下，说，成为一种处理焦虑的方式，就很难有沟通的意义了。

第3节　勤奋的果子

　　这是欧力嫚第一次坐火车，第一次出远门，第一次来到长沙这样的大城市。刚刚改革开放不久的大城市，虽然比起小地方已经多了很多包容和接纳，但依然没有完全从封闭中转型。欧力嫚站在川流不息的路口，满眼是与家乡不同的风情，大路小路上起起落落的各种楼房，还有路边看到的广告牌，都是自己家乡没有的东西，这些让欧力嫚感觉既陌生又兴奋，一种从未有过的、渴望更多了解和探索的心思开始萌生。但那时候欧力嫚并没有感觉到自己内心已经开始发生变化，她只是觉得大开眼界，原来外面的世界如此不同，她深深觉得自己就是个十足的土包子，同时也更加向往了解更多，更加渴望多走走多看看，不过，她没有忘记自己此行的目的，她告诉自己要安定下来，好好学习，不要被这些繁华的未知吸引，先收敛好奇心，做好眼下最重要的事，其他的，来日方长。

　　初入长沙眼目所及的一切，让欧力嫚更加坚定了自己一定要做好美容院的信念，她内心有一种说不出的感动一直在激荡着，她觉得自己的人生可能会有奇迹发生，很多精彩的故事会在自己一步一个脚印的旅途中一一上演，这种感觉非常奇妙，它所带来的效果就是内心的力量犹如雨后春笋不断拔节，天天都在生长。欧力嫚从未这般确信自己的抉择如此正确，她仿佛把自己尚未知晓的未来拉到了眼前，那是一幅十分美妙的画面，画面里的自己如此美丽、干练、魅力十足，她看到命运的局势开始逆转，看到每一步都可能出现的困难但最终一定会被克服，她看到自己会走遍天下路，看透无数风景，她看到自己的家人朋友会因着她而蒙福——她看到了自己成功之后的模样。

　　因着这份看见，欧力嫚内心一直被一种幸福感所充满，不管做什么，都觉得有无穷的乐趣，甚至一切艰难也成了美好的体验。在长沙，欧力嫚接受了三个月的集训，她全心投入、心无旁骛、不肯懈怠，内心燃烧着一种热情之火，没有什么能够让她停止下来。她痴迷地，甚至疯狂地进入学习状态。

欧力嫚恢复了刚工作那时每天只吃一顿饭的节俭模式，不单单是为了省钱，也为了省出时间来多做练习。在班上，她是所有老师都最脸熟的学员，因为只有她最喜欢缠住老师问这问那。同学们也很快就熟悉了她，因为她无法不被众人关注，别人吃饭的时候，她在记笔记；别人聊天的时候，她在看教材；别人洗漱的时候，看到她对着镜子在自己的脸上比画着；别人要睡觉了，她还在自己的被窝里用自己的膝盖当别人的脸练习美容手法……有位老学员说："我进修了好几届了，从来没有见过像欧力嫚这样勤奋的学员。"是的，欧力嫚痴迷的投入状态，让那一届所有的老师和学员无条件的记住了她。

当时同班学美容的人也是来自全国各地，一半是正在开店的过来进修。有的是开美发店想要增添美容项目；有的是已经开了美容院来做项目升级。新手当中，欧力嫚虽然不算最聪明的，却是最勤奋的，她成了最少和同学接触却最多被同学记住的学员。因为在这三个月的学习时间里，任何同学都不可能没有业余活动，相约出去吃吃饭、逛逛街，一起出去买这买那，或者去游游景点，总会有放松的时间。但是欧力嫚居然三个月没离开校区，每天两点一线来回在学校和宿舍之间，一切生活用品都是最简单和基础的，在校区附近的小卖店就搞定了。她在长沙除了必备的生活用度之外，没有多花一分钱，没有给自己买过一件衣服。她是那么渴望了解更多，但她却没有出去看看这个城市。她舍不得浪费时间，也舍不得浪费金钱，她知道自己此时是勤苦劳作、耐心耕耘的阶段；她知道此时当下最该做的事情，其他再想做的，也要暂时放下。

当时和她一样选择从事美容行业的那些学员，只有少数是自己开美容院创业的，大部分学员都没有学历，没有工作，只是把学习美容当成一次就业的机会。那期学员中只有她这一位是放弃就业机会寻找更大可能的。那还不是高谈梦想的时代，对于创业的理解也相对保守，欧力嫚只是凭着对美容行业的预感和一份坚定的执着，孤注一掷地把勇气给了只有少数人才会做的选择。在当时看起来，这是一种头脑简单的冒险；在现今看起来，这是一种把握商机的睿智。

时光飞逝，转眼间，三个月的学习结束了。毕业典礼那天，欧力墁成为最大的亮点，因为公布成绩的时候，第一个被念到的名字都是欧力墁，无论是理论课还是实操课，欧力墁都以绝对优势夺冠！当中有经验有资历的学员，也输给了她。连校方都说，办了这么多届培训班，从来没有像欧力墁这样的学员，所有的课程都拿第一，成绩大满贯！

对自己的投资永远不会失败，付出多少就有多少回报。欧力墁对自己所投入的时间和精力，让这份回报沉甸甸地充满了值得。这也是欧力墁以后人生中从不轻忽的原则——一分耕耘一分收获，也许会有捷径，但走捷径总带有侥幸之心，不如诚实付出来得踏实可靠，所以，为了百分百的回报，她总会百分百地付出。勤奋不打折，努力一百分。

这个原则的坚守，让欧力墁在今后的创业道路中，不管遇到怎样的艰难，都能过关斩将，逢凶化吉。这其实是对人生原理最朴素的认知，但往往很多聪明人在此处折戟沉沙，尤其当一个人取得一定的成就之时，对自己的膜拜同时也会模糊了犀利的眼眸，曾经那么清晰看透的事情，竟然盲于其中，自作了网罗。所以，很多实业家在成功之后会失于一个决策，而这决策的背后，往往都会隐藏着与此原则相悖的心理动机，那就是——投机。

> 欧力墕：万物有道，守其则；不走捷径，安其道

我从来不认为自己是个聪明的人，但我一直承认自己是个勤奋的人。我很感谢上天赐我这份特质，也很感谢艰苦的生活环境磨炼了我勤奋的品质。我更感谢从小到大，我的生活都没有给我多少机会让我去投机取巧走捷径。我必须依靠双手双脚，一步一个脚印地劳动，才能获得我想要的东西。

生活这样待我，看起来十分不公，一个劳苦的人总给人的感觉是运气不好。以至于后来，当我可以懒惰、可以依靠聪明速成、可以投机取巧去获取的时候，我发现我根本做不到，我没办法选择与我从小养成的习惯相悖的路——我忍不下心去忽悠人、害怕不劳而获、做不来投机取巧的生意。我只能扎扎实实稳稳当当地做人，步步为营慢慢地发展，沿袭着春种夏耕秋收的原理，遵守着厚积薄发、量变到质变的原则，这也是我创业路上一直没有失败的根本原因。

成功之后，很多人称赞我的智慧，表扬我的眼光，他们也会看到我百分之百的付出，却更喜欢听我讲述奇迹。其实我最想说的是，成功没有奇迹。成功只要两种元素备足就可以：一个是永不放弃的梦想，一个是永不打折的勤奋。

这两样东西无须外求，人人可得。上天待人最大的公平就是赐下原理和规则，只要遵循本质就会得到该得的果子。一分耕耘一分收获，是最原始的规律；一分耕耘十分收获，是量变到质变的结果。但不管哪种规则，都有恰当的时间要守住当下的本分，安住不合时宜的欲望。初心不负，方成始终。

所以，就算我成功之后，我依然不敢有丝毫懈怠，更不敢存着侥幸和偷懒取巧的心，因为我懂得这个原理——万物有道，守其则；不走捷径，安其道。人不管多么成功，都不能自我膨胀，不能以为自己可以成为自己的神。越是成功，越要谦卑下来，人无法与道较劲。遵守世界运转的原理，才可能成为持续幸运的人，因为天地的祝福都会临到你。你尊重了宇宙规则，宇宙自然会给予你持续的能量，最大的馈赠。

【超级链接】**成功的智慧：勤奋，并甘心乐意**

勤奋和成功是相互依存、互为表里的。一般来说，勤奋造就成功，而懒惰却足以毁掉一个资质非凡的人。虽然勤奋并不一定成功，但无论如何也要勤奋，因为这是走向成功的最基本条件。

成功的背后定有辛苦。远古时代，人们要吃果实，就得爬到很高的树上去摘；要生火，就必须花相当长的时间去摩擦石头或木头。

勤奋或懒惰不是天生的，是习性所致。孩童时的家庭环境以及所受的教育，对人的影响很大。勤奋有两种：一种是自愿的勤奋，一种是外力强迫的勤奋。

在贫穷的年代里，在非常恶劣的环境中，必须长时间从事繁重的劳动，否则，便没有办法生存下去，这是自愿的勤奋。

但如果是被奴役了，即使劳动量大得惊人，辛勤工作的结果也不能使生活获得改善，那是因为这些辛勤不是人们自愿的，而是由于外力强迫的原因。如果勤奋是由外力强迫的，那么就永远不会取得成功。因为一旦外力消失，这种勤奋就不会存在了。自愿的勤奋较易产生出自己的东西，从而逐步培养自己。时间一长，就能确立一个完整的自我。

有这样一个故事：

罗马皇帝看见一个老人正在努力工作，种植无花果树。

"你是否期望自己能够享受果实？"他走向前去问道。

"如果我不能活到享受果实的那个时候，我的孩子们将会享受到，或许上帝会特赦我，让我有生之年就能享受到这树的果实。"老人回答说。

第三章　不退缩的创业

"如果你能够得到上帝的特赦而享受到这树的果实，请你告诉我。"皇帝说道。

时光飞逝，果树果然在老人的有生之年结出了果实。老人将无花果装了满满一篮子来见皇帝，他说："我就是那个种无花果树的老人，这些无花果是我劳动的成果。"

皇帝命人拿来一把金椅子，让他坐下，然后把他的篮子装满了黄金。

"你为什么给一个老人那么多荣誉啊？"大臣们不解地问道。

"上帝都能嘉奖勤劳的他，难道我就不能做同样的事吗？"皇帝反问道。

老人的隔壁住着一个邻居，他妻子得知老人获得金子的消息后，就对丈夫说："皇帝爱吃无花果，给他点无花果，他就会给你金子。"

丈夫听从了妻子的话，提着装满无花果的篮子来到皇宫，要求换取金子。

手下人报告皇帝，皇帝非常愤怒："让这个人站在皇宫门口，每个进出的人都可以向他脸上扔一个无花果。"

黄昏时，这个可怜的人回到了家里，浑身又青又肿。"我要把我得到的全给你！"他冲妻子喊道。

懒惰是世界上最大的奢侈，它是诱惑的温床，疾病的摇篮，德行的坟墓，滋养不劳而获思想的根源。没有经过勤奋而想达到勤奋才能拥有的结果，就是投机主义，是不会有好果子吃的。勤奋能使我们保持头脑清醒，身体健康，内心完美，事业成功。如果你确实有才的话，勤奋将会增进它；如果你只有平凡的才能，勤奋也可以补足它。也许你听说过有些聪明人很懒惰，但你却不曾听说伟人很懒惰。

如果你以前有过失败，检查一下，是否因为自己不够勤奋，没有全力以赴去行动而使你的目标未能实现？因为未能全力以赴去行动而失败的人很多，看看你周围的一些失败者，行动散漫，一心多用，不能有效地抓住一个目标，不管他们多聪明，如果不能全力以赴地行动，他们必终生平庸，难以成就大业。

如果你想成功卓越，你就要全力以赴。把你所有的力量都拿出来，全力以赴去行动，一个目标一个目标地去攻克，一个小问题一个小问题地去解决，直至实现你的大目标。

人们在没有取得相当经验之前，是绝对没有十全十美的规划和蓝图的。即便是有相当丰富经验的人，在制定一个新的目标和计划时，也不可能完美，也不会有百分之百的把握。因为目标与现实之间，存在许多不可预测的变化因素和与预测不相符合的情况。而成功卓越者，凭着勇气和毅力，用实际行动去打破那些不可预测的因素，碰到与预测不相符合的新问题，就采取行动加以解决。

一个人多次碰壁而不退缩，接连进行十次推销而不怕讨人嫌，另一个人略遭挫折即退避三舍，前者远比后者更易成功。

世界永远在变化，这个条件成熟了，另外一个条件可能在变化，永远没有万事俱备又不缺东风的时候。如果什么事都要"条件具备"才去行动，那永远一事无成。诸葛亮还要采取行动去借东风呢！

的确，采取行动会有些风险，他可能给你带来成功，也可能带来失败。然而，只要你能去行动，失败还有可能变成成功。如果你不行动，可能一辈子成为庸人而葬送自己的一生。

一次失败，不要紧，人们可以通过采取新的行动去变失败为成功，而终生退缩的人，却无药可救！所以，以勇毅取胜，立即行动，才是事业成功的上策。这也是所有成功卓越者的重要素质。

世界上到处是一些看来就要成功的人——在很多人的眼里，他们能够并且应该成为这样或那样非凡的人物——但是，他们并没有成为真正的英雄。原因何在呢？

原因在于他们没有付出与成功相应的代价。他们希望达到辉煌的巅峰，但不希望越过那些艰难的阶梯；他们渴望赢得胜利，但不希望参加战斗；他们希望一切都一帆风顺，而不愿意遭遇任何阻力。

懒汉们常常抱怨，自己竟然没有能力让自己和家人衣食无忧；勤奋的人会说:"我也许没有什么特别的才能,但我能够拼命干活以挣取面包。"由此,我们不难看出,勤奋是一所成功之人必须进入学习的高贵的学校。在这里你可以学到有用的知识,独立的精神得到培养,坚韧不拔的习惯也会得到养成。勤奋本身就是财富。你是一个勤劳、肯干、刻苦的员工,就能像蜜蜂一样,采的花越多,酿的蜜也越多,你享受到的甜美也越多。

勤奋是无价之宝。培养儿女勤劳的习惯,比留给他们一大笔财产要强得多。有勤劳的手脚与灵敏的头脑,金钱便可随时得到。当我们工作的乏力的时候,就该立刻重温"不勤劳即饥饿"的箴言,以免被怠惰的魔鬼诱惑。诚然,懒惰无益,勤劳有功;勤奋使事情容易,懒惰则使事情困难——我们做得越多,便越能做。

勤奋能使人成为幸运的宠儿,上帝对勤奋给予一切,那么我们今天就与懒惰告别,能在今天做好的工作,切莫拖延。

第4节 开店的日子

从长沙回来，欧力塆没有任何耽搁就开了美容院。一般来说，学习回来的学员都要先在别人的美容院做一段时间的学徒，少则三个月，多则一两年，有了一定的实操经验才敢开店，但是欧力塆没有等。她在学校的时候，就非常留心地跟那些有开店经验的同学请教了很多非常实际的问题，所以对于开店来说，她内心并没有多大的障碍。

但并不是说开店的时候，欧力塆已胸有成竹。那个时代，哪怕开一个小小的店面，也意味着身份发生很大的改变，从一个朝九晚五的公务员，摇身一变成为个体户。那个时候人们对老板这个词还不太敏感，当老板本身也不大具备社会承认度，很多人的概念中，老板都是没有铁饭碗不得不去端的玻璃碗，看起来挺好看的，其实朝不保夕，很容易碎掉。

这是实情。虽然当时开店干个体户的，钱很容易赚，第一批先富起来的就是他们。但对于老百姓来说，依然不会有这种先进意识。在他们固执的思想里，还是以稳稳当当吃皇粮为一种荣耀。

对于经商这一块，欧力塆的经验也不过是停留在小时候走街串巷卖西瓜白菜的阶段，独立开一家店面，完全是摸着石头过河。但内心火热的激情足以帮她扫除一切对未知的惧怕，而且她一直深信自己可以做好，肯定能够成功，会赚很多很多钱。她的内心从来没有对自己有过怀疑，也没有一个创业者应有的缜密和谋划，甚至在开店之前，她对于一切开店手续、注意事项都并不清楚。干了再说！这是行动派的欧力塆一向的做事风格，甚至在她拥有万人团队之后，她这雷厉风行的特质，依然没有改变。

一个人也许懂得越多，行动力越是滞后，因为会想得太多，顾虑太多。可对于早期创业那批人来说，之所以成功容易，往往并不是因为他们的才识和能力,而是他们敢于下海的勇气。在创业路上,人人常常以为障碍是没有资金,没有经验,没有人脉,没有能力……其实这些都是借口,最大的拦路虎并不是这些看起来很必要的条件,而是你没有勇气!因为你瞻前顾后、不敢承担、不敢付出,所以这一切都成了你想要退缩和逃避的借口。

一个势在必得的人,绝不会看到问题,只会看到方向和目标,然后义无反顾对准方向朝着目标走就是了,逢山开路,遇水架桥,实在过不去就绕个弯。只要方向不改,目标不变,终会到达彼岸,这就是成功者最大的素质。在真正的创业者眼里,问题并不是问题,而是达成目标的条件,若不遇到问题,成功的路上便会拥挤不堪,正因为有了问题,才有一路披荆斩棘的动力,而动力会化为能力,能力会变成价值,价值会结出成果。没有问题,也就没有成功。

经过一系列目标明确的动作,欧力墭的美容院开张了,整个过程虽然辛苦但还算顺利。对于一个创业者来说,当内心的渴望达到一定的阈值,很多别人看起来很艰难的问题对于他来说都是小事,欧力墭就是如此。这在以后的持续创业中,她也一直这样,别人觉得过不去的山,在她眼里只是需要努力一下就可以跨过去的坎,所以,她一直强调,成功路上看起来障碍很多,但都是布石头、纸老虎,不要被骗,勇往直前就一定能过去。

美容院店面不大,美容床也不过只有两三张,但那是梦想起航的地方。能拥有自己的美容院对于任何一个初创业的女人来说,都是令人激动的,欧力墭尽心尽力如同布置自己的闺房一样,把这并不很大的空间装饰得温馨舒适,让人一见钟情。开业那天并没有大张旗鼓,也没有大肆宣传,那个时代广告业还没有兴起,也没有人会想到促销、建广告牌、发宣传单张之类的宣传手段,最多就是在店面门口贴张红纸,写上开业大吉。但欧力墭已经想好了很多方法来宣传自己的店,她无师自通地打出了免费体验的广告,这在当地是一件比较引人注意的事。在此之前,还没有人会如此大张旗鼓地邀请人免费体验美容项目。在很多老百姓眼里,美容院的门槛很高,令人望而却步,很多女人甚至都不知道美容院里面到底在做什么。

　　开业那天，欧力嫚开放了自己的美容院任人参观，亲自向她们介绍美容项目，然后预约登记免费体验时间。当时她的想法很单纯，她觉得爱美是每个女人的天性，美容院不应该关门经营，而是应该开门纳客，让更多女人了解美容、体验美容、爱上美容。所以，她踏踏实实地想做一件实事，就是让更多不管能不能消费得起的女人都走进美容院体验一次，就算永远不会成为她的顾客，也要让她明白美容院可以带给她美丽和尊贵的体验，真正感受一次作为女人应该享受的服务。

　　欧力嫚的美容院虽然不大，也并不是豪华装修，却在细节上十分精心，特别能抓住女人的感觉。很多女人一走进来，就有一种留恋不舍的感觉。这是一个女人对美的敏感和天分所营造出来的氛围。但欧力嫚的实力并不仅仅在于店内给人的感觉，她是绝对的技术流，这一次免费体验活动给她带来了充足的客源，就是因为她在技术上的专业和服务上的敬业，因为任何一个美容院首先抓住的都是回头客，如果这两项不过硬，难以持续留客，而欧力嫚店内产生消费的顾客的回头率高达 90%。这真是一个令人欢喜鼓舞的数字啊。

正因为欧力塎品尝了诚实无欺做生意的成果,她在美容技术上更加精益求精,从不懈怠,即使开了店,也没有放弃过自学。好在她在成人自考时期就已经锻炼出强大的自学能力,当时美容行业刚刚起步,欧力塎几乎与时俱进地掌握了每一项美容新资讯,所以在日新月异的美容发展期,她从未落伍,反而比更多美容院经营者具有高瞻远瞩的预见力。那时候,中医美容也只是刚刚萌生概念,欧力塎就以敏锐的眼光看到了这块领地的前景。所以,她在开店的同时,自学中医理论,并且积极寻找专业进修机会,终于,她发现了北京中医大学正在招生,就毫不犹豫地把赚到的钱全部拿出来,再次为自己的专业做了投资——成为北京中医大学中医养生进修班的一名学员。

这次学习经历比起上一次来说,更加辛苦,因为要兼顾开店,每个月又要抽出十多天时间去北京学习,店里技术主力就是欧力塎,很多活儿都只能她来完成,所以常常是店里完成了最后的美容服务就连夜奔向车站,坐一夜的火车第二天就要出现在北京的课堂上。现在回想起来,那股子拼劲儿都不知道从何而来,也许幼年吃苦的经历早已磨炼出她无上限担当的承受力,让她越累越勇,不但没有被奔波打倒,反而乐在其中。那些日子,辛苦也好,奔忙也好,都是满满当当的充实,目标清晰而单纯,就是要好好学技术,好好做美容,好好赚钱。

多年以后,回头看看自己梦想的起点,依然承载了欧力塎最难忘记的心动,就如初恋一般,美容院是欧力塎事业生涯中的初恋——青涩、美好、充满激情和不知疲倦的投入。那时候大多数美容院的美容师都是外聘,而欧力塎的美容师全是自己亲手带出来的徒弟。美容院的管理难点之一就是美容师的管理,美容师和美容院的关系是一种非常微妙的雇佣关系,需要维持情感和薪金的双重平衡,才能保证美容师不轻易流失。但一般美容院都做不好这点。而这个困惑对于欧力塎来说并不存在,原因就是,她店里所有的美容师都是她一手调教出来的,不但是技术,也包括职业态度和做人的原则,要知道,培养一个技术过硬的美容师,远不如培养出一个懂得感恩的美容师更有价值。所以,别的美容院老板需要看美容师的脸色行事，欧力嫚不需要，她对于美容师的管理只有一个出发点——在自己的职责范围内为她负责。在技术、能力和职业态度上，她对美容师要求很高；在生活、思想和职业发展上，她又非常体贴周全，替对方考虑。因此，美容院里的美容师都很服她，尽心尽力，十分忠诚。所以，她从未为美容师流失的问题担心过。

在那个美容院还没有泛滥到浮躁的年代，美容院的广告是经营中非常重要的一环，但欧力嫚的美容院却从不做广告，仅靠口口相传，以口碑赢得客户。实力派的作风一贯如此。当时她已经取得了国家劳动部颁发的中医养生资格证书，算是比较早的一批引进中医养生技术的美容院，推拿、刮痧等内调理外保养相结合的项目一直受女性青睐，所以，美容院的经营算是风生水起，甚至有人询问她是否允许加盟，而欧力嫚也早就不止一次地萌生过开连锁店的想法。

可是，真要做连锁店的话，就要有技术过硬的美容师坐镇才行。在欧力嫚的事业线中，一直认定走技术流的服务是半点马虎不得，在这方面，她几近苛求。所以，她曾经想培养出几个技术过硬的徒弟来做分店的美容师，但是一直未有能够完全达到她标准的人，所以纵然想法五彩纷呈，梦想版图宏大，这开连锁的梦想却始终锁在了心底。

欧力墁：尊重内心的真实，在事业线上张弛有度地跳舞

一路走到今天，我发现我其实并不是一个有事业野心的人。最初创业仅仅是一份单纯的赚钱想法，认为只要赚了很多很多的钱，就可以从贫穷的命运中摆脱了。所幸的是，我在选择赚钱的事业时正是美容院发展时期，而偏巧美容行业又是我所喜欢的。

在我的事业生涯中，从头到尾我都是一股子单纯的想法，遵从自己内心的真实，做了想做的事，做了该做的事。有时候成功并不复杂，复杂的是在成功的路上我们放大了自己的欲望以至于超越了自己的能力。我承认人都是有潜力的，能力是可以成长的，但是在激发潜力、让能力成长的过程中，从来都没有说不需要付出代价。这代价，你准备好付出了么？

这个励志的社会常常告诉我们，人生需要拼搏，成功需要冒险。这话似乎不错。错在拼搏却没有方向，冒险却没有底线。人从始到终需要做的不是别的，而是了解自己的心。心若迷失，便会行错；心若复杂，便会失控。结果就是错综复杂，一错再错。

之所以走到今天没有经历过事业上太大的失败，就是因为我一直都遵从做事的本质，就是不管做什么，不能脱离那件事的本质。发展不是盲目的扩张，扩张之前先需要储备根基的实力。美容院是服务行业，技术永远都不能马虎，所以那么多诱惑不断冲击耳膜的时候，我就因恪守这个本质没有走上连锁之路。

而这个在当时看起来非常保守的做法，到现今被证实了——这是对的。

【超级链接】成功不二秘籍：做事的三大基本原则

一、不管做什么，你都可以选择爱上它

贝格特供职于一家金融担保公司，在三年的工作中，他赢得了"难不倒"的美誉。

他有自己的一套工作准则，那就是——今日事今日毕。他处理每一件事都细致周到，并保证它们在第一时间高品质地完成。

凭着自己对工作的热爱和付出的努力，贝格特晋升为本部门的小组领导。由于他总能认真倾听同事的想法，了解部下所关心的事情，并领导他的部门出色地完成每一项任务，贝格特的小组赢得了好评，成为全公司公认的可以委以重任的团队。

与此相反，三楼有一个运营部门，人数众多，绩效却不理想，他们与贝格特的团队形成了鲜明的对比，因此成为大家批评的焦点。为了能让公司有一个全面的改观，老板决定提升贝格特为三楼的业务经理。几个星期后，贝格特慎重而又很不情愿地接受了提升，虽然公司对他接手三楼寄予厚望，但是他却是硬着头皮接受了这份工作。工作的开展自然十分艰难，但是，贝格特迅速调整心态，把对这份工作的厌恶转变成了热爱，同时，他的这种积极的情绪深深地影响了员工，在这种精神的支持和鼓舞下，贝格特所在的部门迅速改变，并最终成为公司的典范。

贝格特铭记一句话："选择你所爱的，爱你所选择的。"作为一名员工，贝格特并不是选择自己热爱的工作，而是选择了爱上自己现有的工作，通过自己

第三章　不退缩的创业

的努力，为公司做出巨大的贡献，也为自己的职业生涯写下了闪亮的一笔。

其实，任何人都有可能做一些令人厌烦的工作。即使给你一个很好的工作环境，但如果总是一成不变的话，任何工作都会变得枯燥乏味。许多在大公司工作的员工，他们拥有渊博的知识，受过专业的训练，有一份令人羡慕的工作，拿一份不菲的薪水，但是他们中的很多人对工作并不热爱，视工作如紧箍咒，仅仅是为了生存而不得不出来工作。他们精神紧张，未老先衰，工作对他们来说毫无乐趣可言。

但是贝格特认为，一件工作有趣与否，取决于你的看法，对于工作，我们可以做好，也可以做坏；可以高高兴兴和骄傲地做，也可以愁眉苦脸和厌恶地做。如何去做，这完全在于我们。所以只要你在工作，何不让自己充满活力与热情呢？

每一个员工都应该学会热爱自己的工作，即使这份工作你不太喜欢，也要尽一切能力去转变、去热爱它，并凭借这种热爱去发掘内心蕴藏着的活力、热情和巨大的创造力。事实上，你对自己的工作越热爱，决心越大，工作效率就越高。

当你抱有这样的热情时，上班就不再是一件苦差事，工作就变成了一种乐趣，就会有许多人愿意聘请你来做你更热爱的事。如果你对工作充满了热爱，你就会从中获得巨大的快乐。设想你每天工作的八小时，就等于在快乐地游泳，这是一件十分惬意的事情。

奎尔是一家汽车修理厂的修理工，从进厂的第一天起，他就开始喋喋不休地抱怨"修理这活儿太脏了，瞧瞧我身上弄的"，"真累呀，我简直要讨厌死这份工作了"，"凭我的本事，做修理这活儿太丢人了"……

每天，奎尔都是在抱怨和不满的情绪中度过。他认为自己在受煎熬，在像奴隶一样做苦力。因此，奎尔每时每刻都窥视着师傅的眼神、举动，稍有空隙，他便偷懒耍滑，应付手中的工作。

几年过去了，与奎尔一同进厂的三个工友，各自凭着自己的手艺，或另谋高就，或被公司送进大学进修了，独有奎尔，仍旧在抱怨声中，做他蔑视的修理工。

其实，无论从事什么样的工作，要想获得成功，都要对自己的工作拥有热情，对它投注"冷淡"的目光，你就不会有所成就。

也许某些行业中的某些工作看起来并不高雅，工作环境也很差，无法得到社会的承认，但是，请不要无视这样一个事实：有用才是伟大的真正尺度。在许多年轻人看来，公务员、银行职员或者大公司白领才称得上是绅士，其中一些人甚至愿意等待漫长的时间，目的就是去谋求一个公务员的职位。但是，同样的时间他完全可以通过自身的努力，在现实的工作中找到自己的位置，发现自己的价值。

工作本身没有贵贱之分，但是对于工作的态度却有高低之别。看一个人是否能做好事情，只要看他对待工作的态度。而一个人的工作态度，又与他本人的性情、才能有着密切的关系。一个人所做的工作，是他人生态度的表现，一生的职业，就是他志向的表示、理想的所在。所以，了解一个人的工作态度，在某种程度上就是了解了那个人。

如果一个人轻视自己的工作，将它当成低贱的事情，那么他决不会尊敬自己。因为看不起自己的工作，所以倍感工作艰辛、烦闷，自然工作也不会做好。当今社会，有许多人不尊重自己的工作，不把工作看成创造一番事业的必由之路和发展人格的工具，而视为衣食住行的供给者，认为工作是生活的代价，是无可奈何、不可避免的劳碌，这是多么错误的观念啊！

那些看不起自己工作的人，往往是一些被动适应生活的人，他们不愿意奋力崛起，努力改善自己的生存环境。对于他们来说，公务员更体面，更有权威性；他们不喜欢商业和服务业，不喜欢体力劳动，自认为应该活得更加轻松，应该有一个更好的职位，工作时间更自由。他们总是固执地认为自己在某些方面更有优势，会有更广泛的前途，但事实上并非如此。

那些看不起自己工作的人，实际上是人生的懦夫。与轻松体面的公务员工作相比，商业和服务业需要付出更艰辛的劳动，需要更实际的能力。当人们害怕接受挑战时，就会找出许多借口，久而久之就变得看不起自己的工作了。这些人在学生时代可能就非常懒散，一旦通过了考试，便将书本抛到一边，以为所有的人生坦途都向他展开了。他们对于什么是理想的工作有许多错误的认识（如果说他们对于工作还存有什么理想的话）。莱伯特对这种人曾提出过警告："如果人们只追求高薪与政府职位，是非常危险的。它说明这个民族的独立精神已经枯竭；或者说得更严重些，一个国家的国民如果只是苦心孤诣地追求这些职位，会使整个民族像奴隶一般地生活。"

天生我材必有用，懒懒散散只会给我们带来巨大的不幸。有些年轻人用自己的天赋来创造美好的事物，为社会做出了贡献；另外有些人没有生活目标，缩手缩脚，浪费了天生的资质，到了晚年只能苟延残喘。本来可以创造辉煌的人生，结果却与成功失之交臂，不能说不是一个巨大的遗憾。一个农夫，既有可能成为华盛顿之类的人物，也可能终日面对黄土背朝天，一直到老。

二、既然选择做这个，就要全心全意

一份英国报纸刊登一则招聘教师的广告："工作很轻松，但要全心全意，尽职尽责。"

事实上，不仅教师如此，所有的工作都应该全心全意、尽职尽责才能做好。而这正是敬业精神的基础。

一个人无论从事何种职业，都应该尽心尽责，尽自己的最大努力，求得不断进步。这不仅是工作的原则，也是人生的原则。如果没有了职责和理想，生命就会变得毫无意义。无论你身居何处（即使在贫穷困苦的环境中），如果能全身心投入工作，最后就会获得经济自由。那些在人生中取得成就的人，一定在某一特定领域里进行过坚持不懈的努力。

知道如何做好一件事，比对很多事情都懂一点皮毛要强得多。在德克萨斯州一所学校作演讲时，一位总统对学生们说："比其他事情更重要的是，你们需要知道怎样将一件事情做好；与其他有能力做这件事的人相比，如果你能做得更好，那么，你就永远不会失业。"

一个成功的经营者说："如果你能真正制好一枚别针，应该比你制造出粗陋的蒸汽机赚到的钱更多。"

要是你下定决心要成功，你就必须保证自己行走在成功的路上。你可以选择"做一天和尚撞一天钟"的生活，也可以追求一种完美的生活。

扎扎实实、专心致志地工作对任何员工来说都是最健康的训练。同时，对一个公司来说也是最好的训练和福音。

在美国有一家皮毛销售公司。老板吩咐三个员工去做同一件事：去 A 供货商那里调查一下，他们公司皮毛的数量、价格、品质。

第一位员工五分钟后就赶回来了汇报。他并没有亲自去调查，而是向下属打听了一下供货商的情况就回来做汇报。三十分钟后第二位员工回来汇报。他亲自到 A 供货商那里了解皮毛的数量、价格、品质。第三位员工九十分钟后才回来汇报，原来他不但亲自到 A 供货商那里了解了皮毛的数量、价格、品质，而且根据公司的采购需求，将 A 供货商那里最有价值的商品做了详细记录，并且和 A 供货商的销售经理取得了联系。在返回途中，他还去了另外两家供货商那里了解皮毛的商业信息，将三家供货商的情况做了详细的比较，制定出了皮毛的最佳购买方案。

第一个员工只是在敷衍了事，草率应付；而第二个充其量只能算是被动听命。真正尽职尽责地行事的只有第三个人。简单地想一想，如果你是老板你会雇佣哪一个？你会赏识哪一个？如果要加薪、提升，作为老板，你愿意把机会留给谁？如果你想作一个成功的值得老板信任的员工，你就必须尽量追求精确和完美。认认真真、兢兢业业地对待自己的工作是成功者的个性品质。许多人都曾为一个问题而困惑不解：明明自己比他人更有能力，但是成就却远远落后于他人？不要疑惑，不要抱怨，而应该先问问自己一些问题：

——自己是否真的走在前进的道路上？

——自己是否像画家仔细研究画布一样，仔细研究职业领域的各个细节问题？

三、一生只做一件事，做到极致必成功

一个人的成功，有时纯属偶然，可是，谁又敢说，那不是一种必然呢？

成功的人往往有个特点，就是一直专注在自己所选择的专业领域中。其实，一个人一生只要干好一件事情就可以了。这句话的意思是：要专心把一件事做好。由于人的时间、精力、脑力有限，所以，当你在一生或一段时间内选择一两个目标时，就应该在这方面投入你所有的时间、精力、脑力。社会上有一些专家或专才，他们连一般的生活常识都不清楚，但他们在某一个方面却有很深的造诣。这就是因为他们节约了其他付出的时间，集中精力专心做一两件事，他们在这一两个方面付出了很多的时间和精力，所以成功了，在这方面有了比人家更多的回报，这也是一种捷径。当你在谈论或与他讲一些与他无关话题的时候，他的脸上不会有丝毫的反应，也不会接一句话，好像根本没有听见，这种人很知道节约时间、精力和脑力，尽量不与别人讨论些毫无意义的事情也是一种节约，这种人能够成就一番事业。所以最好的方法就是在某一阶段专心做一件事，其他不重要的事情放一放，完成以后再设定一个新目标。

人的脑细胞不少于140亿个，最成功的人的大脑潜力的开发还不足10%。可见，一个人一生做好一件事不是太难，关键是看能不能把它坚持到底。有的人不计长远，只图眼前，风来随风，雨来随雨，今天干这，明天干那，见到什么就想干什么，什么都想凑凑热闹。结果，常常到头来只落得两手空空，一事无成。

一生只追求做好一件事情，是做人的一种方式，一种风格，或者说，是一种活法。让我们找准自己的人生坐标，坚持不懈地干好自己能够干好的一件事。

这样，这辈子也就没白活了。

我们常人也一样，贵在勤奋，贵在坚持，只要牢牢把握住自己的人生大目标，踏踏实实，一步一个脚印地走下去，就可能取得伟大的成功。

有一位年轻人住在以色列的一个小镇上，他是一个单位的看门人。也许是因为工作太轻闲，为了让生活过得充实，他经常看一些历史方面的书籍，作为自己的业余爱好。就这样，他看了60多年的门，也看了60多年的历史书籍。功夫不负有心人，经过这么多年的努力，他在历史学方面有了很深的造诣。此后，他声名远播，只有初中文化的他，被授予院士头衔，成为世界上著名的历史学家。

这个例子告诉人们：一生干好一件事足矣，即使你做的是看起来最没有价值的工作，你也可以用全部的业余时间来做好一件事。宇宙无限，人生有限，每个人都应当把有限的精力、有限的时间集中起来，做一件应当做、可能做好的实实在在的事情。一个目标确定以后，必须把自己的全部心力、体力凝聚起来，心无旁骛，坚守初衷，直到成功。

【岁月馈赠】

创业的动力：想什么比做什么更重要

这是个强调行动力和执行力的世界。人们不喜欢高谈阔论，喜欢脚踏实地；人们不喜欢描绘愿景，喜欢眼见为实。从某种角度讲，这些并不是错的，但是，任何一种观点，都可能隐藏着一个陷阱。这陷阱就是，你把某种观点当成了唯一的基准，却失去了灵活理解和本质思考的能力。

说与做，想与做，并不是两组对立关系，而是合一关系，当人们强调做的时候，常常是因为说和想已经与做彻底分离，甚至对立。这并不是想的离谱，也不是说的错误，而是在此之前，人已经丧失了知行合一的能力。

"知行合一"是一种先于行动之前就应该储备的能力，简单说，如果你在做什么事的时候总觉得力不从心，那就是你的想法还不够成熟，认知度还不够深刻。这时候就要下来总结思考，当想法和认知达成标准时，会自然产生行动力。这时候的动力无须外来，而是发自内在，并且拥有源源不断的续航力。这就是"知行合一"的能力。

所以，对于一个创业者来说，真正的动力源自内在深植的想法，也就是为什么要这么做的理由。这理由并不是道理上的，而是扎根在心里、种植在骨髓里的，与你的生命合为一体的。是你内心最隐秘的渴望和热情，是你体质中最大的幸福和满足。

如果始终明白道理，而无法做好，那就等于不知道，也就是没有达到知行合一。比如，一个人想学习，但又想玩游戏，虽然道理上明白学习的好处、玩游戏的坏处，但却无法控制自己再玩一局。这就表明，这个人对学习重要的认知其实是不够的。所以，只有不断挖掘自己内心深处对学习重要性的理解，找到唯一性的理由，自然会产生对游戏的厌倦，转而生出学习的动力。问题并不在于你知道学习有多重要，而是找不到必须学习的唯一性理由。

创业也是如此，当你找到那个必须创业的理由，并且产生必须行动的力量的时候，没有任何事能够影响你。你认为自己应该创业，其实并不一定是真的明白为何创业，也许你也有合理的理由，但那个理由并不是你内心深处最深的渴望。比如你知道创业可以改变贫穷的命运，但是你只是知道了解决"贫穷"的"方法"，并没有真正体验到"贫穷"这个问题，你的关注点只是在解决问题的方法上而不是问题本身上，这个时候，是无法出来真正的行动力的。而唯有真正被"贫穷"伤过，深入骨髓，甚至成为内心中的一份执念的时候，才能出来无法摧毁的行动力。

这种行动力不是三分钟热血，因为动作幅度再大的一时热血，也终会消失。一时热血的人，依然是把关注点放在"方法"上，对创业这件事本身产生了跃跃欲试的兴趣，而一旦遇到拦阻和艰难，兴趣就会消减，甚至慢慢消失，因为他始终都不曾明白自己创业的真正理由，没有内心深处必要达成的目的，只是在尝试一种新鲜的体验。

但是，如果创业本身会带给你无穷无尽的兴奋和幸福，你深深享受其中，甚至对创业的结果和目的并不在意，也会产生持续的动力，这时候，创业本身成为你的焦点，贫穷已经不再是问题，创业过程中所产生的一切满足才是你所需要的，而创业的结果如何并不重要了。这就是另一种境界了。但不管是为拿到结果而创业，还是为了享受过程而创业，都无法逃避对自己清醒的认知，那就是——你为什么创业？一定要找到自己内心最真实的、最需要的那个答案，这才会成为你永不止步的动力。

所以，在行动之前，清楚地了解自己想什么，比盲目去做什么，更加重要。想法是挖掘出来的，不是培养出来的，创业的路也不是只有一条，找到自己想法和创业之间最直接的连接点，为自己内心深处最隐秘的欲望负责，才会出来更有力量的行动力。所以，成功的答案不是只有一种，也不是别人定义的成功才是成功，你要找到对自己成功的定义，就如你要找到自己创业的理由。

比如，上面那个爱玩游戏不爱学习的人，如果他真的想通了学习对他来说没用，玩游戏才是他的追求，自然会在游戏里领域里不断发掘自己的天赋和潜力，也许他会成为游戏领域里的创业者，不管是做游戏策划，还是当电竞主播，更或者成立游戏工作室，只要真的把自己所追求和热爱的变成产生价值和创造力的动力，就是真正的创业者。最怕就是，以为自己知道，其实从未专注思考过，凡事都停留在灵光一现的层面上，今天说，这个淘宝，其实我在1990年就想到的，这个滴滴，我在2000年也准备做的，那个烧烤我来做月入轻松10w，但实际上没一件事做成了，想想吧，这种人还真的不少呢。

【小故事　大智慧】

盯着目标奔跑

　　一个男人邀请三个小男孩在雪地上玩一个游戏："我待会儿站在雪地的那一边，等我发出信号后，你们就开始跑。谁留在雪地上的脚印最直，谁就是这场比赛的胜利者，可以拿到奖品。"

　　比赛开始了。第一个小男孩从迈出的第一步开始，眼光就紧紧地盯着自己的双脚，以确保自己的脚印更直。第二个小男孩一直在左顾右盼，观察着同伴是如何做的。第三个小男孩最终赢得了这场比赛，他的眼睛一直盯着站在对面的那个男人，更确切地说，是一直盯着他手中拿着的奖品。

思考：创业路上我们的目光应该专注于哪里？是专注于完美，不断纠正自己所做的事情是否符合要求？还是东看西看，不断和别人比较，参考别人的做法？或者是一心盯着目标，不顾一切朝着目标奔跑？只有将眼光坚定不移地聚焦在人生目标上的人，才会少走弯路，与成功的距离也会大大缩短。

第四章
BLOOM

【开场白】

翻山越岭出沼泽，飞越天堑过大河，排除万难、走向成功的路上，大风大浪、艰难险阻都过了，却被自己脚下的石头绊倒了。当年温酒斩华雄的关云长，一把青龙偃月刀挥舞得众将失色，一个大意就失了荆州丢了命；诸葛亮纵有济世之才，怎奈所选择的刘备却有个扶不起的阿斗，他只能鞠躬尽瘁，死而后已。之所以一切成功没有偶然，是因为主导成功的因素取决于两方面：一方面是平台的选择，一方面是做事的态度。人们喜欢以果敢睿智来颂扬成功者，抽丝剥茧回放他们的人生，没有哪个不是经历过鸡飞狗跳的窘迫。但是，与别人不同的，他们在面临重要选择的时候，总能把平台看得高于自我；在任何可能放弃的拦阻来临时，他们都拥有一个高度一致的态度：全力以赴地做每件事，无论大小，该自己承担的，绝不推诿。

当今这个时代，善谋好心机、过度耍聪明的人不容易成功，成事者往往"大智若愚"。何为"大智若愚"？"愚"是一种踏实的心性，谦卑的态度。"愚"是诚实担当，不取机巧，不饰己过。"愚"是勤能补拙，虚己求下。所以，公平盛世，成功不需要运筹帷幄、学富五车、巧舌如簧，成功只需要选对平台做对事，将自己融入平台之中，虚己感恩，与平台合二为一。就这样，一丝不苟，日积跬步，为每一个变化惊喜，为每一个进步加油，为每一个做到喝彩，终会临到荣耀的那一天。

不言败的团队

"今天我们请来的现场嘉宾是中鼎恒生全球行政总裁欧力塎女士,欢迎她的到来。"伴随着欢呼和掌声,欧力塎款款走上舞台,聚光灯一齐对准她,她优雅挥手致意,在主持人身边落座。

作为媒体的受邀嘉宾,欧力塎不是第一次,但受邀参加这样的现场录制,还是第一次,这意味着将要把自己的形象直接曝光在广大观众的面前,等于和无数自己所不认识的人直接对话,欧力塎内心不禁有点打鼓。自己的普通话虽然是可以让人听得懂,但是常常在思维如涌的时候就无法控制语速。"一定要稳,不要急,不要快。"欧力塎在内心叮嘱自己,脸色却是洋溢着自然的微笑,没有人能够看出来她内心的紧张。

"欧总,从您外表来看,你很时尚也很有女人味,但是知道您的,常常说您是'巾帼不让须眉的女强人',您是否认同别人'女强人'这个说法?"

"我觉得女强人这个词对于事业有成、为社会创造了价值的女人来说是有失偏颇的。因为很多人对女强人的理解只停留在性格强势的肤浅意义上,而在我看来,真正的女强人是了解自我,遵从本心,活出自己独一无二的精彩的……"

一片掌声。欧力塎用清晰的普通话,回答得缓慢而有力量。这是录影直播间啊,等于在对着千万人说话,欧力塎起伏不定的内心,在自己张口回答的那一瞬间平息下来,隐隐有种恍如隔世的感觉浮现出来。人生还会给我多少意外呢?还会有多少不可能变为可能呢?她在内心暗暗问自己,就像今天自己能在万人面前接受媒体的采访,与精英们对话,而在若干年前,她还是操着一口乡音被人嫌弃的业务员,因为没有人能够听懂她说什么,而失去了与人平等对话的机会,也失去了人们对她的尊重和信服。

第1节　事业的转型

镜头从直播现场切换为几年前的办公现场，那是欧力嫚作为业务代表所在的一家化妆品公司，当时，她已经有了自己小小的业务团队，算是团队里的一个领头人。

"欧力嫚说话我听不懂哦，怎么会有这样的团队领导啊，真倒霉。"刚走到办公室门口，欧力嫚就听到屋里传来这样的声音，她下意识停住了脚步。"是啊，我也听不懂，本以为可以多从上级那里取取经，可却遇到这样连普通话都不会说的乡巴佬，你看人家团队的领导又能带人又能讲课，我们只能靠自己努力了。""嘘——别说了，让人听见，该说你不传播正能量了……"

欧力嫚进也不是，退也不是，怔怔地站在门外，内心不知是什么滋味。她听得出来，其中一个说话的是下属团队里一个新进成员，昨天团队会议的时候还表现得很积极，没想到私下里，她却是这样没有信心，这都是因为自己普通话不好、不能直接引领她们带来的。欧力嫚心里一阵酸堵，转身走到办公室旁边的洗手间，拧开水龙头，随着哗哗的水流，眼泪也哗哗地涌流出来。

来到这个公司已有半年多时间，作为一个美容院的经营者，毅然从自己的经营圈子里出来，走向甲方市场，的确是一个重大的转折。欧力嫚之所以走出这一步，是因为以她在美容业界敏感的商业嗅觉，她看到了目前自己所做的美容院的发展仅限于此，而投身这家公司，却可能让自己拥有不可限定的未来，这是欧力嫚多年来到处学习观察、不断吸取新的技术和观念、不断提高眼界和格局所带来的综合能力。她确信，这家公司将给她前所未有的收获和成长，只是她没有想到的是，这家公司给予她的比她自己想到的更多，除了成长和成功，还给予她前所未有的财富与荣耀。

但在最初的半年多的时间里，欧力嫚也体验了自己创业期间从未有过的艰

第四章　不言败的团队

难。首先是身份的改变，由一个凡事自己说了算的老板变成一个凡事老板说了算的打工者，本来就有很多需要适应的部分。朝九晚五按时打卡上班倒不是什么障碍，欧力壒多年来就有着良好的作息习惯，早起晚睡也不是问题。由美容院老板的身份转身变成美容院老板的供应商，由买家变成卖家，这对欧力壒来说的确是需要一个心理上的平衡。最开始，她既是买家又是卖家的双重身份总是不由自主地将双方利益对立起来——作为买家的身份，她竭力维护美容院老板的利益；作为卖家的身份，她又必须维护公司利益，这种对立关系让她非常困惑，销售也备感障碍。

这时候，公司的培训让她有了极大的成长，让她明白，买家和卖家并非对立关系，而是利益共同体，原本就应该是双赢的。买家为卖家提供渠道，卖家为买家提供有竞争力的产品和服务，两者彼此需要，价值共生。新公司的培训让欧力壒如同饱旱逢甘霖，眼界渐渐打开，格局不断提升，她对客户全力以赴的服务精神，其源头就在于公司的培训和引导。她如鱼得水一般不断更新陈旧的价值观和营销理念，在公司中很快脱颖而出。可以说，之前的欧力壒只能算是一个小产业者，从进入这家公司开始，她才慢慢变成了一个事业女性。

欧力壒的成长很快，这离不开公司的人力支持和指导。她非常庆幸自己找对了公司，也深深感恩平台对自己的推动。因为珍惜，她比公司的其他员工做得更多。在公司领导的关怀和帮助下，她给自己的主体客户定位在美容院合作上，为了美容院客户能够真的做好公司的产品，她甚至会一段时间天天驻扎在客户店里，手把手教她们如何把产品了解透彻、如何针对顾客人群做最有效的推销。甚至美容师成长、促销活动策划、利润规划分析等一系列不属于她工作分内的事，她也会不遗余力地帮助自己的客户。所以，凡是与她合作过的美容院老板都很愿意与她合作下去，因为太划算了，太超值了。

这样做事的欧力壒，比公司任何一个业务员付出得都多，业务员的工作时间本来比较有弹性，除了早晚打卡时间，大部分时间可以自由支配，在工作时间做与工作无关的事大有人在，但对欧力墁来说，这些都不可能。不是因为她除了工作没有别的事可做，而是一方面她从打工那天起就不是打工心态，依然秉承着做老板的担当，所以，工作不需要上司安排，自动自觉性很高；另一方面就是她选择的客户大多数都是美容院，她需要比别人操心更多、付出更多才能让自己那么高的业绩不变成自己良心上的重担。就因为她是这样的心理，所以她在公司做业务那段时间，看上去竟然比自己当美容院老板的时候更苦更累。

但是，令人不可思议的是，欧力墁每天却保持了充足饱满的精神状态，浑身好像有使不完的劲儿。她本来身子骨儿并不强壮，身体也不是很好，但在这样的精神状态下，竟然没有引发大的健康问题。欧力墁通过这段时间的经历，总结出一个真理：心甘情愿去做的事苦中有甜，累中有乐。所以，做什么之前，先要想明白，自己为何而做？然后把心态调整到心甘情愿的频道上，这样状态下的工作，高能、高效、高创造力，令人乐此不疲。

欧力墁的工作越来越上轨道，她对自己内心的梦想也越来越清楚了，更加坚定了她对自己选择的信心。她就这样边做边思考，不断梳理自己，每一步都清楚自己的目标，保持充足的动力。这些都成为她内心中不断滋长的营养，润物细无声地变成一种强大的力量。一个人，只有对自己十分清楚，才能在凡事上拥有理性的判断，减少失误的发生。

这种不断自我梳理的习惯，让欧力墁清楚自己是怎样的人。回顾她事业转型的心路历程，可以看出她骨子里就不是个安享其成的人。美容院经营对她来说，已经走到了一劳永逸的瓶颈之中。技术成熟了，美容师各安其位，顾客基本固定了，继续发展，要么扩大店面，要么复制连锁。而扩大店面就意味着换店址，因为目前所在地带，店面与顾客饱和度互相匹配，若要扩大店面，就是徒然浪费了，而更换店址，劳心劳力也不过是重复同样的事情，就算能略有多赚，但与付出相比，又觉得不值，而且顾客积累和结构也被打破，等于一切重来。

再说了，美容院的复制连锁，需要过硬的技术支持，同时又需要兼顾店面管理，而这样的人才可遇不可求，如果批量生产技术管理人才，势必以降低服务水准为代价。若想做得更大，形成特许经营连锁，又需要极大的资源和魄力，也不是目前的能力可以达到的。可是美容行业明明是个非常有前途的朝阳行业，如果就这样守着一个美容院过完终生，又心有不甘。反复思量，欧力墁决定走出美容院经营的小圈子，进到为美容院经营提供产品服务的大圈子里去。赚钱的滋味自己已经体验过了，守着店面再怎么做，也只是继续赚钱而已，她并不想重复已经证明了自己的人生，她渴望去体验更大的挑战。

　　欧力墁一直很喜欢帮助人成长，所以她店里的徒弟全部都是她自己亲手带出来的，看到她们从一个话都说不清楚、什么都不会的乡下小姑娘出落成一个谈吐得体、技术过硬的美容师，她内心充满了成就感。她早就意识到一个人的价值体现并不在于能够赚到多少钱，让自己赚钱只是一个价值基础，更有价值和成就的是，帮助别人成长，让更多人赚到钱并改变命运。所以，很长一段时间，她对自己店内的利润多少没有太多概念，但一个徒弟发自内心的感谢却可以让她幸福很久。眼看着自己的店面经营已经成熟了，技术管理自己都可以脱身，不如彻底把店面交给自己的徒弟，腾出自己去做更有前途、更有意义的事。

　　欧力墁清楚自己想要的，更清楚自己想要的并不能在经营美容院这件事上获得满足——她必须找到更大更好的平台。所以，她多方认真考察，选择了现在这家公司。这个选择被证明是完美的。从开始到后来，从起步到成功，公司给予她的一切，超越了她的局限，放大了她的潜力，让她深深明白，平台大于一切的道理。正所谓，选择大于努力，选择不对，努力白费啊。

　　欧力墁是个简单的人。简单的人往往会把很复杂的事也想得简单，她认定了平台大于自我之后，就毅然做出转型的决定。在这个决定中，她并没有太多考虑自己能否承担所要面对的转变，是否适应新的事业环境，如果不成会如何，假如失败会怎样。她把属于自我尝试的变量部分，对自己判断的影响力降到最低。其实那时候的她，也许还没有"人有无限潜力"这样的认知，她只是对未来充满了不计后果的盼望。

　　经过多方的考察比较，欧力墁来到这家化妆品公司，并成为一名业务代表。

第四章　不言败的团队

这是欧力墁事业历程中一次崭新的体验。她凭着对美容行业的敏感和热爱，以为有过乙方经验的自己绝对可以在甲方的天地里展翅高飞，却没想到，没有被业务相关问题难住的她，却被这看起来不起眼的普通话绊住了。

从业务能力上来看，欧力墁毫无疑问地比很多业务人员都强，天生好学与勤奋吃苦的精神已经把她放在了优势位置上，加上她做人真实简单，没那么弯弯绕绕，所以业务上一直成绩优异。而且，她本身开过美容院，常与代理商打交道，深明美容院经营者的心理。现在置换到代理商的角度，她比别人更多一分对美容院需求的了解和理解。更重要的是，公司给业务人员提供了良好的业务平台和发展空间，再加上她几近苛求的服务精神，所以，短短的时间里，她的业务就越做越大，很快建立了属于自己的业务团队。因为是层级管理，又没有区域限制，所以在她的团队中，就有了很多下级合作伙伴所属的外地成员，她那一口乡音，就变成了沟通中最困难的障碍，因为不管是交流还是培训，都需要语言，业务能力其实就是沟通能力，语言不通，等于上战场没有枪弹，怎么能赢呢？

建立团队之后，工作内容和自己做业务的时候完全不同，团队管理变得比谈单能力更重要。欧力墁必须重新定位自己的角色，把自己从一个优秀的业务人员转变成一个优秀的团队管理人员，而这场角色的转变，第一个关卡居然是要学好普通话。

欧力墁：成功的路上，自我才是你最大的敌人

当我放弃一个美容院老板娘的身份，走进一家美容公司做业务代表的时候，身边没有一个人是支持我的。他们认为我的美容院做得不错，干吗非要跑出去打工，每个月拿那么千八百块的工资。就算我真的想做大，为何不开分店或者连锁店，轻车熟路，才是正路啊。

有时候，我们的选择被外界左右，包括现实的环境、人的看法；有时候，我们的选择又被内在的欲望左右，包括执着的贪念、失察的情绪。所以，完全出自本心的选择也并非容易。人这一生首先要持守的，是一颗清清楚楚的心，这是让自己选得无怨，行得无悔的基础。就因为这个原则，我看到了自己在做美容院上的局限性，也因为这个原则，我必须打破自己的格局，走出去到更大的舞台上去历练。而且我知道，如果走这一步，我必须从底层重新开始。因为我已经不是单纯为了赚钱，我是为了扩大自己的器皿，寻找更大的机会，赚取更大的资本和财富，这已经不是简单的赚钱了。

刚开始出去做业务员的时候，甚至身边的亲人都以为我美容院出什么问题了，否则怎么会好好的老板不当，却去当一个最底层的业务员。我没办法给他们解释什么，如果我被他们影响，也许我一生就被我的美容院老板娘身份捆绑了。一个人在困境时突破不难，难的是在自己看起来还不错的情况下，寻求更大的提升——突破自我，才是最大的成功。

突破自我的局限中，最难过的一关就是自己的面子关，但这一关却有利有弊。我放下了美容院老板娘带给我的虚荣感，才能够开始事业的转型；我放不下说不好普通话带给我的挫败感，才能够下决心苦练普通话。这两个面子关，一个过了就是自我突破，一个不过才能自我突破，所以，真正给自己面子的，是对自我的战胜，当你扫除因为自己的内心所造成的障碍时，还有什么鲜花不会向你盛开？

【超级链接】 拔高与突围：事业转型的路上，我需要准备的

如今，越来越多的人开始了多重身份的生活，打开朋友圈，兼职代购、手工烘焙、写书、做淘宝。有些人开始考虑转型的问题，或许是遇到了 Junior 到 Senior 的升迁瓶颈，或许是发现自己渐渐丧失了对这份工作的热情，又或者开始质疑这份工作对于个人价值的贡献。无论我们开启八小时外生活的初衷是什么，但我们都希望以此为契机，完成从"工作"到"事业"的转型。但很多人发现，在探索转型的过程中，他们变得更加纠结痛苦。一方面，看见了变化可能带来的机遇，另一方面又感觉自己并没有在过去几年积累足够多的知识和经验可以完成这次飞跃。所以转型之前，问问自己你是否做好了准备？

你为什么转型？

久世浩司在《抗压力》中说，当我们不知道自己真心想做的事，幸福感就会下降。我们先来讲一个故事。三个木匠一起建造一座教堂。有一天，路人问他们，你们为什么做这份工作呢？第一个人说："当然是为了赚钱！没有钱，怎么养活家人啊。"第二个人说："搞好这个活儿，以后就能从监工那里得到下一个活儿，所以这次我得卖力。"第三个人对路人挥挥手，表示自己很忙。路人等了一阵子，第三个人忙过之后，对路人说："你没看到吗？我们当然是在这里建造一座辉煌的教堂啊。这就是我的工作。教堂建好了，上帝也会高兴。"

同一件事，对于三个人来说有着完全不同的意义。对于第一个人来说，是工作，对于第二个人来说是事业，而对于第三个人来说是，使命。

第四章　不言败的团队

所以，第一个也是最重要的问题就是，你的转型是为了什么？工作？事业还是使命？工作和事业的初衷都是来自外部的推动，是为了生活或者他人的要求，不可否认有些人会为了更丰厚的收入或者更舒服的生活而选择转型，但这样的目的，无论从动机、效率或者满足感，都无法和第三种相比。如果，你可以完全听从自己的内心，做出转型的选择，那么这个决定一定可以为你开启一个全新的生命蓝图。就像《牧羊少年奇幻之旅》中说的，当你渴望某个东西，整个宇宙都会来帮助你。

你的优势是什么？

有些人，怀抱着一腔热情，投入了全新的事业，但渐渐发现，在这份理想职业中，他们依然无法大展拳脚，远大的理想总是被事业中的琐碎牵累。也有一些人，明明身怀绝技，却甘愿做着重复枯燥的熟练工种。成功之路上，我们最大的问题往往就是看不到自己的优势，也就是核心竞争力。李欣频说过，当人工智能可以取代一切的时候，你能够以什么为生呢？你可以为世界贡献什么呢？

优势，就是真正给人活力发挥最大潜能并且帮助人们走向成功的素质。而优势来自于天赋。肯·罗宾森说，"天赋，就是'喜欢做的事'和'擅长做的事'能够相互结合的境界。我相信每个人都有必要找到自身的天命所归，不只因为那让我们获得成就感，更是为了让人类社群与组织能够在不断演进的世界中永续发展。"他在2008年的TED演讲中讲了一个故事，有个1926年出生的小女孩，在教室里总是坐不安稳，无法集中精力学习，让老师觉得很苦恼，认为她不适合上学，要求她转学去特殊教育学校。她的妈妈带她去看精神科医生，那年她8岁。医生跟她妈妈了解了一下情况，就带妈妈去另一间诊室，出去之前打开了桌子上的收音机，让小姑娘自己待一会儿。透过房间的单向玻璃，医生和妈妈看见她随着收音机的音乐，四肢开始舞动起来。观察了一阵，医生对妈妈说：

"你女儿没有什么毛病,她是个跳舞的,送她到舞蹈学校吧。"这个女孩长大后成为世界杰出的舞蹈家,并成为音乐剧《猫》、《歌剧魅影》的舞美设计。她在后来的访谈中说,当她进入舞蹈学校时,一下子看到一个美好的世界,看到跟她一样坐不住的人,需要在动中思考的人。这就是天赋,一个人的天赋将成为他无可取代的优势。

每个人都有优势,但我们却不会发挥自己的优势,反而经常抓住弱势不放。一个人能否成功,取决于能否发挥自我优势,而不是能否将克服弱点。没有一个人是全能的,弱点永远是弱点,它无法促进你的成长。一个成功人士通常具备的特征就是,他们能够认清自己的优势,坚持精进自己的优势,并且在关键时刻可以发挥自己的优势。而很多人,却错误地将时间花在如何克服弱点上,他们往往对自己的优势并不清楚。应对弱点最好的办法,就是将你不擅长的事情交给擅长的人去做,就如同一家上市公司必须聘请律师和会计师提供专业意见。又比如红杉资本为谷歌带来埃里克·施密特,弥补了拉里·佩奇和谢尔盖·布林,加速了谷歌的发展。

所以,一份可以发挥优势的工作是成功必不可少的条件。如果你发现,这个你即将转型的领域或者行业,并不适合发挥你的优势,那么你需要重新进行评估,否则成功或幸福都无法提升。

你是否具备足够的抗压力?

很多正在尝试转型的人都是在职场摸爬滚打一番之后思考如何跳出既定轨道。虽然,这些职场上的经验可以作为下一阶段发展的资本,但同时,我们转型时面临的机会成本也更大,转型成功与否的压力也会变得更大。所以,转型前,你需要评估自己是否具备足够的抗压力。

我们看到身边的精英之中,既有坚如磐石、百折不挠的石头型精英,也有因为无法忍受挫折而一败涂地的玻璃型精英。日本积极心理学家久世浩司说:

"使人才成功的关键，不是智商，也不是学历，而是抗压力。"

抗压力（Resilience），被美国心理学会定义为：能够直面逆境、麻烦、强迫的应变能力和心理过程。追求梦想，实现人生使命是一个漫长的过程，如同一场马拉松，我们需要充足的补给，你不能运用短跑式的消耗来完成一场马拉松，重要的是保持节奏和稳定。同时，在一个全新的工作环境之下，我们所要面临的竞争压力、工作强度都将对我们是一个挑战，所以，我们必须做好心理建设。

如何培养抗压力？

一、认识失败

在工作中，我们不经意地会出现行为逃避。有时候，我们认为自己只是随遇而安，不勉强自己，但其实是在逃避，害怕面对挑战。孙子兵法里说，知己知彼，百战不殆。我们只有真正了解失败，才能够勇于接受挑战。相反，如果我们总是蜷缩在自己营造的舒适区域，也就无法体会成功之后的喜悦和成就感，那么人生就会停滞。

解决失败恐惧最好的方法，就是为失败分类。失败可以分为：可以预知的失败、不可避免的失败和智慧型失败。

可以预知的失败，就是因为我们的疏忽或者没有做好准备而造成的失败。比如，你明明知道明天要考试，今天晚上却还连夜玩游戏。对于可以预知的失败，处理起来很简单，就是做好充分的准备。

不可避免的失败，就是超出你能力范围之外造成的失败。比如，你的老板在和客户谈判的时候，坚决不肯妥协，或者你已经计划好了一切行程，飞机却突然取消了。对于不可避免的失败，通常我们并没有很好的解决办法，所以不需要责怪自己。

智慧型失败，是向所有新事物发起挑战后的失败。转型的成功与否就取决于我们能否主动地探索可能性。科学实验里、新产品研发中的每一次智慧型失败都不会辜负我们的努力，只要我们可以从中学习。所以，也不必过分责怪自己在一个不喜欢的工作里耽误了青春，至少我们知道了自己不想要的。

应对失败最好的办法，就是做失败记录，特别是那些令你刻骨铭心的失败。这份记录中，应该包括你失败的原因、你对失败的感受、这次失败对未来有什么启示、你学到了什么知识等。

二、摆脱消极情绪

在转型的过程中，因为脱离了旧有的生活轨迹，我们的内心一定会因为敏感而不安。你可能会开始为生计担心，为新事业的发展忧虑。我们会不经意地助长习得性无助。什么是习得性无助呢？简单来说，就是"我是一个受害者"。当我们认为自己是一个受害者的时候，我们无法客观全面地看待一个事情。每一件事情都是两面的，有黑有白，有好有坏，而习得性无助患者会将在某一个方面的挫折扩散到生命的全部。比如，当你的老板批评你的工作不好时，你可能觉得所有人都认为你不好，此时你就将"不好"这个帽子扣在了自己的身上，而不是你所完成的工作上。我们无法将自己和我们所做的事情区分开，也不自觉地将自己对于一个特定事件的感受变成了对每一件事的感受。

习得性无助是不经意间滋长在我们心中的，而且会循环往复，所以就需要我们时时感受自己的情绪，随时处理。应急处理情绪的简单方法有很多种，每一个人都可以找出一个适合自己的情绪处理清单。你可以在手机里存几首排解郁闷的歌曲，安静地坐着感受自己的呼吸，到办公室楼下快走散步，或者找出一个日记本，将自己所有的愤怒发泄出来。我们都必须养成即时处理情绪问题的习惯。每一天晚上睡觉前，将自己的一天清零，当你感受消极情绪渐渐消散了，再甜美地进入梦乡。

三、改变思维定式

当我们开始为转型准备的时候，就意味着我们已经为自己开启了一个全新的寻宝旅程。从前那些你认为不可能发生的事情，都将变成可能。当你不知道你所寻找的宝藏藏在哪一个房间，你就需要打开每一扇门。我们通常处于自动导航之中，很多时候，我们都是下意识地做出回应。

美国临床心理学家阿尔伯特·艾利斯将思考的过程分为ABC模式：A困境，表示我们遭遇到的情况；B信念，表示自己对该困难状况的认知；C结果，表示我们做出反应的感受或行为。基本上来说，我们的反应通常是A到B，B到C的自动化反应。比如，有一天，你看到老板对你特别冷漠（状况），以前他一向非常热情，你可能会怀疑自己没做好工作（信念），你会在胡思乱想中度过一天（结果）。而心理学家们认为，幸福的钥匙藏在刺激与反应之间，这段距离是决定我们幸福和成功的关键。

当你遭遇到一个困境的时候，如果可以让自己停顿一下，而不是一下子跌入情绪的漩涡里。我们可以采取一些应对之策。如果你可以在感到受到侵犯而想对别人发火之前，停下来，去喝杯水，走一走，你就不会因为将怒气发在他人身上而造成不必要的伤害和麻烦；如果你能够在沉入低落情绪之前，留些时间，给自己安慰，就不会颓废不起。最重要的是，记得，思维定式并不是你，它们只是沉寂已久的看待事物的一种方式而已。

四、训练你的心理弹性

我们每个人都会经历痛苦，随着时间的推移，我们会从痛苦之中解脱出来。不过，很快，我们又会陷入另一个痛苦，这样的循环往复，是因为我们没有在摆脱痛苦之时，训练向上攀爬的力量。心理弹性是我们提高抗压力的重要因素。如何训练心理弹性呢？

1. 提高自信心。自我效能，就是对于一件事情，你认为自己一定能够做到的程度有多高。我们通常在自己具有天赋的领域更容易获得自我效能，日常生活中我们也可以通过以下一些小方法来训练自我效能：

（1）体验成功。对于我们来说，宏伟蓝图和复杂的目标容易让我们产生畏

惧心理，那么你可以训练自己将复杂的行动分成一件件小事，然后从每一件小事的成功之中获取安全感。

（2）模仿他人的成功。向榜样学习，当你遇到一个困境的时候，看看你的老师、同学、领导是如何行动的，特别是那些在工作上具备高超职业素质的人。在班尼斯特励志要在四分钟内跑完一英里时，全世界都认为这是不可能的。然而，在他成功打破这项纪录之后的两年里，无数人在四分钟内跑进了一英里，这就是榜样的力量。记住，任何人都可能成为你的老师。

（3）犒劳自己。在自己获得成功的时候，哪怕是微小的一点点，也学习奖励自己。随时随地鼓励自己。每天穿自己喜欢的衣服，每天带着自己的幸运物，在办公室里放些喜欢的花草。

2. 寻找心灵后盾。绝大多数人在回忆他们克服困难的时候，都表示仅仅依靠自己无法从挫折中走出来，我们需要陪伴和鼓励。因此，寻找心灵后盾就是我们培养心理弹性的一个重要因素。研究显示，我们的幸福感、成就感都受到亲密感和与他人之间互动的影响。我们有时候，否认同伴的重要性，是因为我们的内心害怕自己变得脆弱，希望别人认为我们是全能独立的。但是，现实的压力和挫折会揭开我们的脆弱，让我们必须面对我们不是无所不能的现实。所以，找出你的心灵后盾。你可以在你的笔记本上列出五个对你来说最能够在你痛苦的时候给你提供心灵支持的人。这五个也是对你最重要的人。这张清单也将作为你面临选择时的依据，当儿子的球赛和重要的商务会议冲突时，拿出这张清单来看看吧。

3. 从挫折中汲取智慧。创伤后成长，是锻炼心理弹性最重要的环节。我们会发现，很多成功人士，都经历过人生挫折，而他们可以以一个高视角看待痛苦的意义，而不是将自己局限在某一个困境里。就如同，你回顾自己的童年，那时你可能认为同桌抢走了你心爱的铅笔盒是一件无比痛苦的事情，但现在你回过头去，也不可能再去计较这件事情。这就是成长中的智慧。在处理挫折的时候，我们可以采用一种"抗压叙事"的方法，重新描述那件让你痛苦的人生经历。但不同的是，你要站在一个成功者视角，也就是用一个已经复原的你来重新描述这件事情对你的意义，你从中学到了什么，谁在这个过程中为你提供了帮助，你是如何让自己复原的。在这个过程中，我们可以重置记忆，通过一个全新的视角和诠释方式，重新审视挫折以及它对你的影响。

转型，对于每个人来说都是生命展现的一个新的契机。至少证明，你追逐梦想的脚步没有被烦琐的生活拖累，而现实中并非所有人都会以相同的方式对待梦想。转型之前，先将自己准备好，梦想的蓝图会在你的渴望之下自然而然地展开。

第2节 苦练普通话

在欧力塎的创业历程中，曾经多次想过可能面临的让自己退缩失败的境况，但绝对没有想到的是，第一次让她萌生放弃想法的原因竟然是普通话障碍。吃苦可以有，勤奋可以有，忍耐也可以有，甚至饥寒交迫无处安身也可以有，这些困境她都经历过，也挺过来了。但她一直不能忍受的是，人的轻视和侮辱。她所能咬牙坚持挺过来的一切，都因为不堪忍受这个。从小到大，成为受人尊重的人，一直是她内心深处最强的动力。所以，当她在团队里被自己下属成员因为不会说普通话而诟病的时候，是她内心最难受最煎熬的时候。团队里有很多优秀的人，有的曾经做过企业，也有的来自外企，还有的学历显赫、海外归来，而她，只是一个连普通话都不会说的乡下来的女人，怎么能让这些精英人士甘心俯首呢？一个团队，如果领导人不能服众，又怎么会有凝聚力呢？一个没有凝聚力的团队，如何会产生战斗力？如何在看不见硝烟的商战中凯旋呢？

欧力塎不止一次想到未来就有走不下去的窒息感。放弃吗？可以的。自己还可以干回老本行，继续开美容院。清心守命，小富即安的生活也不是不能活，但欧力塎内心清楚，那从来就不是自己想要的生活。她想要的是一个不断攀升的精彩的人生，不断看到更高的荣耀，让自己不虚此生的充实的人生。她不单单是想要赚很多的钱，让自己、让家人都过上好日子，她更渴望带领更多人走出贫穷的捆绑，命运的辖制，过上能被自己所掌控的人生，从而成为一个在别人眼里有价值的、受人尊重的人。

不能放弃！欧力塎的简单，并不是说她从不会纠结矛盾，而是她不会让自己陷于纠结矛盾之中而不去做出选择；欧力塎的决绝，并不是说她做事不计后果，而是她深思熟虑之后一旦做出选择就会立刻行动，毫不犹疑；欧力塎的强势，并不是说她性格强硬不懂以柔克刚，而是她一旦决定的事就会义无反顾，披荆斩棘，坚持到底。就在这样一件小小的事上，欧力塴再次体现了她性格中的所有优势。其实人生成败并不是全由大事决定，恰恰是在小事上，一个人所表现出来的内心素质和选择的眼光，最能看到她将会有怎样的未来。

虽然决定不放弃，但是灰心还是有的，这让欧力塴无法痛下决断。这时候，公司再一次给予欧力塴极大的鼓励和支持。每次回想到这段经历，欧力塴都无比感恩，这在外人看起来好像算不得什么的一件事，却让她铭记于心。在她被其他员工嫌弃，负面呼声不断上达公司高层的期间，公司却给予她无条件支持，不但没有因着她口音问题削弱她的管理权利，反而更多地给她上台培训演讲的机会，并且不断在员工面前确立她在公司的地位，充分展现了对她无比的信任。这些对于欧力塴来说，比起万金更有价值、更有分量！若没有公司的这份关怀和支持，欧力塴认为自己坚持不到成功的那天。

人生的一切艰难都是因为没有答案，无法痛下决断。对于一个让你纠结很久、痛苦不堪的问题，当你内心有了方向和决断之后，就彻底结束了，剩下的做就行了。公司的态度终于让欧力塴痛下决心，一定要学好普通话。当她下了决断之后，已经收拾好了自己的心态。所以，她可以带着笑容和自信每天出现在团队成员面前，照常工作，照常管理。

然而晚上下班之后，她回到家里，就一头扎进普通话的苦练中。一切业余活动都省了，甚至不是必需的社交活动也完全屏蔽掉，她把自己大多数业余时间全部集中在普通话训练上。她的耳边从来不会停止播放普通话的录音，洗漱做饭的时间也不会放过。甚至睡觉的时候，都开着普通话广播，让自己睡梦中都下意识地接受普通话的刻印。她还请了一个普通话老师，每天抽出专门时间来学习普通话。她对着镜子一个字一个字地纠正自己不准确的发音，有时候为了说准一句话反复重复几百遍；同时，她还得学习控制语速，因为家乡话语速很快，她已经习惯了快节奏说话，即使用普通话说话也容易不知不觉越说越快，而语速一快，音节语调也随之改变，不知不觉中又回到方言中而自己还没有觉察。可以说，欧力塴在苦练普通话上面所下的功夫是自己学习生涯中最刻苦的一次。所谓乡音难改，而欧力嫚也错过了最容易接收语言的年龄，所以她从未感受到学习会这样艰难。上学时再难的学业，欧力嫚也没有觉得多难，可这个普通话的学习，却让她真正的体验了改变之难。其实接收新的事物并不是最难的，最难的是在已有的基础上改变，把已有的与崭新的无缝对接又能自由转换，这就像是在一个电脑里装两套运行系统，一旦切换过快，操作失误，难免会出现混乱。所以，就算已经学会了普通话，从实践角度讲，也不见得能够讲得好，尤其对于总需要演讲和培训的人来说，要求则更高。这段苦练普通话的记忆，让欧力嫚刻骨铭心，以至于多年之后她总结自己学习生涯，依然把这段苦练普通话的功课看成学习中最难攻克的堡垒。

功夫不负有心人。终于，欧力嫚的付出渐渐有了收获，她一天比一天能说让人听得懂的话了。她的变化所有人都能够看到，以前那些拿着她说话听不懂为借口冷嘲热讽、不服管理的人，开始对她有所收敛了。团队做大了，她带出来很多业务经理，而业务经理本身也培养了自己的业务代表，这些人来自五湖四海，很多欧力嫚都不认识，因为中间隔着几个层级。这些人的原始身份也比较复杂，很多人自己当过老板，甚至曾经身家过千万；也有一些来自跨国企业，外语都说得十分地道；还有一些是行业内的元老和翘楚，说起业内大事如数家珍。让这些人去听从一个普通话都不会说的领导，的确是让他们难以服气。之前，当着别人面前顶撞欧力嫚，当着下属面前不给欧力嫚面子的事，常有发生。而欧力嫚一直不以权势压人，只是一笑了之。这并不是说她心大到对这些事毫不在意，而是她内心清楚这是自己的问题造成的，没有理由苛责自己的团队伙伴。同时她也明白，站在管理的角度上，她第一个需要放弃的就是管理者的自尊心，没有管理能力的人，才容易被触发领导者的自尊，而一个有管理能力的人，自然会赢得下属的尊重。

管理不是以严苛树立权威，而是以榜样力量服众。这是欧力嫚一直以来的管理信条。也许最初很多人并不理解，觉得她不懂管理，任由属下放肆。但后来证明，这是最有效的管理，不战而屈人之兵，管理其实是一场攻心战。

第四章 不言败的团队

普通话过关了，还要过讲师关。带领团队的重中之重，就是培训。可以说，一个团队如果培训做得好，就会发展很快。专业知识、服务品质、营销理念、心理建设，没有一样离得开培训，没有培训，就没有业绩。欧力嫚肚子里有货，她甚至比很多优秀的讲师更具有实战经验。因为她非常了解美容院的需求，也非常了解自己产品的优势，在两者对接的点上，她一向把握精准，所以很容易签约。但这些，如何以能让人听懂的方式讲出来，并且是面对众多比自己更优秀的人讲出来，的确有很大的心理压力。可以说，普通话攻坚战中，欧力嫚克服的是技术关，方法就是勤学苦练，而培训师攻坚战中，欧力嫚克服的是心理关，方法就是没有方法，硬着头皮也得上。

欧力嫚回忆自己初上讲台的那段时光，几乎每次都要面临极大的压力，那压力就是无法逃离的恐惧感、无助感。每当走上讲台之前，她在幕后都需要反复平复内心的波澜，不断告诉自己不要怕，要微笑，要自信，要放松。每次在掌声中走向讲台的时候，她都会大脑里一片空白，在别人眼里，她的步伐稳健，笑容自然，缓缓道来的讲解清晰、自信，但在她自己的内心，只有一个声音：这是你必须要做的，你别无选择。

"不知道怎么做到的。"每次讲到这段，欧力嫚都会这样说，"也许，上天垂怜我的心，知道找的坚持和努力，也知道我的委屈和付出，所以给了我这样的奖赏吧。"她现在也觉得自己最初能够走上讲台，并且第一次做培训就让人看不出有丝毫的紧张，不像一个初次登台的人，倒像是讲台老将，不是出于自己真实的水平，而是上天暗中的帮助和保守。所以，她常说，自己是个蒙上天宠爱的人。虽然经历太多的磨难，但每一次磨难的背后，都藏着上天对她的赏赐。

成功不相信眼泪，眼泪从来都是成功之后为感动而流。摸爬滚打狼狈苦熬的泪水向来留给自己，展示给别人的，永远是笑容灿烂、从容洒脱的一面。欧力嫚的改变有目共睹，自己团队的、外团队的，再优秀的人，都不得不对她迅速的进步刮目相看，人们喜欢向不断提升的人致敬，尤其在这个行业，鲜花和掌声永远留给敢于挑战自己，并且挑战成功的人。

欧力墁：为选择负责，向专业挑战

很多人都觉得我的事业线很顺，因为从我创业开始至今，虽然也有坎坷和艰难，但从未有过跌倒和失败，一直都是沿着上升的路线一步步抵达目标，每个目标达到之后，下一个目标就会出现。站在远处看我的人，都会觉得我是个很幸运的人，特别蒙上帝的垂爱。

的确，我也认为自己是个蒙上天垂爱的人，但也许我和他们对这垂爱的定义不一样。远看一个人，总会把一切艰难变得微小，就如一个人回头再看走过的路总觉得并不很难，但处于当下的时候，那些过眼云烟般微小的困难都会让一个人完全失去内心的平安，陷入焦灼和纠结的境况里出不来。这样的状态下，一个人最容易产生判断的失误，做出错误的选择。

回顾我的事业生涯，我总结出来我最大的受益竟然是因为我的选择。首先，我选择了一家正确的公司，这个公司给了我值得终身感恩的一切；其次，在每一次面临困难的选择时，我都选择了面对而不是逃避。从某种角度讲，选择是没有对错的，走这条路和走那条路，都会走出一片自己的天地。而影响选择结果的是选择时的态度，因为态度决定了选择之后的行为，任何一个选择都需要背负责任。如果选择时态度不端正、不清楚，会直接影响事业进程中压力的承受力。一个没有经过深思熟虑的选择，怎么能经得住颠簸和坎坷？不遇到艰难还可以走下去，一旦遇到困境就会失去信心。

其实大部分人无法对自己的选择负责，也不是因为什么天塌地陷的大事，常常是被一些专业上的小事绊倒。做一行爱一行并不容易，但俗话说，做什么像什么，却是非常朴素的原理。很多人在事业上失败都是因为不明白这个道理，在专业上不够专注，却在人的态度上过度关注。要知道，事业上的合作伙伴儿对你的态度往往取

第四章 不言败的团队

决于你在事业上的专业程度,你在专业上不投入关注,却把这关注分散在不能让你得到人的尊重的人的态度上,是多么吃亏的事啊。

人的问题没有别的,就是太容易聚焦对自己没有帮助的事,并在这些事上产生各种情绪。做人成功与否,往往就在于对于自己无用情绪的觉知能力并能从这些情绪中快速抽身出来,选择做正确的事。情绪不会让人选择正确,只会牵引着人走向失误。

所以,别太看重别人的看法,除非他们的看法能让你看清自己的弱点,并成为你挑战弱点走向成长的动力;也别太轻看自己的能力,因为任何人都有无限的潜力隐藏着,有时候外界对我们的刺激,无非是想激发你隐藏的潜力。你要对此深信不疑,因为相信是得到的开始——你相信自己能够做到,就一定做到;你相信自己可以胜过,就一定胜过。

【超级链接】 选择是人生最重要的能力，没有之一

汽车之家创始人李想说过一句话："选择是人生最重要的能力，没有之一"。对这句话深有共鸣，一个成功的人生真正归结起来没有别的，只需要做对几个选择，而失败的人生几乎没做过几次正确的选择。

如果你真的好好感悟一下这句话，你会看到很多证据。如果你的人生很失败，不妨借此梳理总结下自己走过的路，你会发现，肯定没做对过几次正确的选择。如果你为自己选择失败找到很多借口，那说明，你还不明白选择的含义。

人们常为"选择比努力重要，还是努力比选择重要"而辩论，这其实是一个很简单的命题：选择大于努力。这就好比，你蹬自行车，蹬死也比不过坐飞机的。这也好比某些创业者，怎么努力也不可能达到马云的高度，其实不是不如马云聪明，也不是自己不够努力，而是本身做的就是麻雀项目。

有些人，善于做正确的选择。就像史玉柱的团队，在史玉柱第一次溃败并负债2.5亿元的情况下，依然跟着他，相信他能东山再起，他们选对了，史玉柱后来果真东山再起；马云刚创业时的那十八罗汉，都是马云的同事和学生，他们放弃工作，跟着马云摆地摊窝民宅走南闯北，他们也选择对了，他们都成了阿里很重要的人。

当然，也有很多选择失败了的。比如大家熟知的故事：聚美优品的一个实习生，在聚美刚创立并转型时，毅然决然地要离开这家找不到可行项目并看起来即将倒闭的公司，即便陈欧说给他5%的股份，也没能留住他。后来，聚美上市，这5%的股份价值十亿。

人最重要的能力是什么？有人说是天赋，有人说是善良，然而大家仔细想

第四章　不言败的团队

想，有天赋的人一定成功了吗？没有。善良的人过得好吗？同样也没有。那么决定一个人价值最高的能力应该是什么？是选择。纵观所有的成功者，他们或高或矮，或善或恶，他们都做出过选择。

人最重要的能力是选择，选择比天赋要重要。选择不是押宝，它可能需要运气，但更多的是需要智慧，选择是为了让生活更有意义。有很多关于选择的名言俗语，无时无刻不在提醒着选择的重要。

——低头拉车，更要抬头看路。

——不要以为爬得高就好，也许你的梯子搭错了墙。

——鲁迅如果不选择写作，这个世界少了一个著名作家，而只多一个无足轻重的好大夫。

——如果努力能成功，那刘德华的夫人就不该是朱丽倩，而是杨丽娟。

我们如此的看重选择，认为选择了一个正确的方向和道路，就能走到理想的彼岸。但是，你是否知道，为什么一些人能做出"正确"的选择？而另一些人却不能？

先讲一个故事吧。

1991年，海湾战争。在距离科威特海岸不到20英里的地方聚集着多国部队多艘驱逐舰和战列舰，距离这么近的目的，是舰炮能轰击到科威特的阵地。同时，也增加了风险：军舰已经暴露在伊拉克导弹的覆盖范围之内。2月25日凌晨，如正常一样，英国驱逐舰"格罗斯特"号的中校迈克尔·赖利正在执勤，他的职责是负责监控该舰的雷达系统。而经过了频繁的倒班，赖利中校布满血丝的眼睛正盯着雷达屏幕，突然他发现：有情况。

在屏幕的边缘，一个闪烁的绿点出现。而随着它逐步闪烁，很明显可见它的目标就是整个舰队。所有人都开始紧张起来。当过了40秒后，赖利发现这个光点的目标是美国战舰"密苏里"号。它在以时速550英里的速度飞近。

最初的判断是：它是传说中见血封喉的蚕式导弹！一枚就足以干掉一艘军舰。且慢。还有另一个可能。美国的A-6战斗机也经常在光点范围内出没，它们主要是飞往科威特投下激光制导炸弹的，从雷达上看，战斗机跟导弹的速度和光点大小无法区分。

那作为雷达系统，总该能区分出来吧？是的，A-6飞机自己有电子标志用以给雷达区分，但是由于这个标志也方便了伊拉克的导弹袭击，很多A-6飞行员关掉了这个标志。另外，A-6的高度是3000英尺，导弹的高度是1000英尺。但是那台能区分高度的雷达此时恰恰失去了追踪。

总体而言，作为当时舰上的负责人，赖利中校没法用设备和技术来分辨这个光点到底是自家兄弟的"飞来去"还是敌人的"锁喉镖"。他面临一个选择：拦截还是不拦截。

短短40秒过去，他选择了开火。于是两枚拦截导弹发射，击毁了那个光点。

结果是幸运的，那个光点不是友军的A-6，恰恰是蚕式导弹。在后续的调查中，军方认为在当时的条件下，赖利绝对无法做出辨别，将赖利的选择看作一种幸运的巧合。

直到1993年，一名认知心理学家加里克莱因发现了这个案例，他对高压下做出选择的模型很感兴趣，因此开始对这个案例展开了深入研究。他仔细地询问赖利，而赖利的答复也很简单："我觉得那是导弹。"他又调出当时雷达屏幕的每一个细节，终于发现了一些蛛丝马迹：导弹和A-6飞机在雷达显示屏上是有那么一点微妙的区别：导弹在雷达上出现会比A-6的出现晚几秒钟。也许正是这种细微的感觉作用在了赖利身上，而促使他做出正确的选择。

那么，大家一定会追问，他为何能有这样的"直觉"？

心理学家的分析是，赖利在参战前，已经在皇家海军的模拟环境中练习了多年，即便他从未见到过蚕式导弹，但是上千次的模拟练习已经让他的大脑"认识"了这个场景。再加上他在战争中已经数十次观察到A-6在雷达屏幕的轨迹，这样的轨迹早已经印在他的大脑里。当有些微差别的亮点出现在屏幕中，他的大脑开始觉得哪儿不对，于是迅速做出拦截的决定，从而挽救了一艘军舰。

现在，你是否能明白为何看电影里那些特种部队经常凭"直觉"来判断有

第四章　不言败的团队

无危险了？那不是天生的，而是练习出来的！

因此，选择本身也是一种能力。在我们的过去、现在和未来会有多次让我们做出选择的重要关头。你选择报考文科还是工科？你选择张教授还是王教授做导师？你选择买进股票还是卖出股票？你选择来这家新公司还是留在老东家？

你可以做出任何选择，但回过头来看，有的人选择就比较"正确"，而有的人似乎就走一段"弯路"。那些选择相对"正确"的人，往往在他上学时期就已经开始自主选择，他们自己选跟谁交朋友，自己选初恋，自己选志愿，自己选实习；在思想上，他会故意跟父母保持一定距离以确定自己的思想独立。而那些选择相对"错误"的人，往往他之前的选择都不是自己的选择，父母和老师帮助选志愿，父母帮助找的第一份工作……

因为，对于很多中国的孩子，他的路是父母设计好了的，读小学的时候，父母给我们的目标就是考初中，考上初中做什么，我们没有想过；读初中的时候，父母给我们的目标就是考高中，考上高中做什么，我们没有想过；读高中的时候，父母给我们的目标就是考大学，考上大学做什么，我们没有想过；上大学的时候，父母给我们的目标就是要出国，出国做什么，我们也没有想过；等到留学拿到了学位，要找工作了，下一步我们该做些什么呢？这次，父母还能给我们安排吗？自己的路该怎么走呢？

曾经看过这样的一个故事：小时候家里穷，可母亲总喜欢"制造"一些可能的事情，供我选择。早上，母亲会说："孩子，早餐是吃红薯还是喝稀饭？"当我说喝稀饭时，母亲就会高高兴兴地下厨为我做起稀饭。过年了，母亲没有那么多钱给我既买上衣又买裤子，于是就对我说："孩子，今年过年是先给你买件上衣还是先给你买条裤子？"当我说先买上衣时，母亲就会满脸欢笑地带我去商店挑选。后来，我问母亲，为什么总让我做出一些选择呢？母亲说："孩子，一个有选择的人，是富有的。"可见从小锻炼孩子选择的能力是多么重要，孩子既快乐，又会面对选择。

拥有选择的权利是幸福的，但是，我们也要拥有选择的能力。诺贝尔说："有什么样的选择，就会有什么样的人生。"的确，不同的选择会造就不同的人生。我们无法选择天气，但我们可以选择心情；我们无法选择出身，但我们可以选择奋斗；我们无法选择将要或正在发生的一切，但我们可以选择面对一切的情绪状态。虽然我们无法改变外在环境，但可以通过改变自己的内心世界来改变对外在环境的看法。

当选择本身是一个能力时，只有之前做了大量的练习，犯了不少错误的人，在他们后续生活的选择才更加如己所愿般正确。

如果你总是疑问那个牛人为何能在人生重大转折点上做出正确的选择时，恐怕是因为他之前在各种小事的选择上已经犯了足够多的错误，而这些小事就好比赖利之前的模拟以及每天对屏幕的观察。

当清楚选择其实就是一个能力时，我们就知道这其实包含了更多小能力。

设想这样一个真实发生的场景，作为一名女生，今晚就是传说中的化妆品血拼日，12点之前，各大电商网站都开始了大降价，你一下班就调集了大军——你的荷包和脑细胞——准备今晚一战而买到各种霜、粉、露、油、水。这一晚就是在考验你的选择。

一般来说，你会干如下的事情：各种电商网站全部打开，搜集相关化妆品的全套信息，真的假的，原价多少，香港多少钱（香港是便宜化妆品的代名词），这几个品牌哪个更好、更适合自己的皮肤、更划算；根据这些信息，开始预测买哪家的化妆品会让自己的肌肤更剔透；了解不同化妆品下单的后果，那就是一堆钱，也许花好多钱买一个不适合自己娇嫩皮肤的。那也得准备好承担一定的风险。

果断的按下鼠标，一次次下单剁手，并眼睁睁看着自己的支付宝账户的钱一点点离去。在一次次下单的同时，对自我的反复觉察"我这皮肤到底是吹弹可破呢还是已经黄脸婆了还是总是发干"，如果旁边有闺蜜或者老公，那就会一边搜集信息一边旁敲侧击，"你说我的皮肤是不是油性更大一些……"

这就是选择这个能力的细分——

搜集并整合信息的能力：得在有限的时间和空间里搜集到差不多的信息，并对其整理、归类、区分、筛选。

做出预测的能力：基于对信息的整合，得对选择之后的后果做出相对靠谱的预测。

评估并承担风险的能力：得大致了解"一旦预测错了"的话，该如何应对，更重要的是，得承受这个风险。

有限资源内执行的能力：无论怎样，得在有限的资源（时间和信息）内做出选择，开始执行。因为12点之后优惠就结束，而你生命中的其他选择同样如此，它们都有或明或暗的时间窗口。

自我的反复觉察的能力：整个的过程，都得不断地自我觉察，从而了解自己的癖好、行为风格、人格、能力、资源……

必须承认，女人们频繁地在网店血拼化妆品和衣服，男人们频繁地在网店血拼数码产品和游戏点卡，确实是在某种程度上训练自己某领域的选择能力。《六人行》里的瑞秋在前N季一直在咖啡厅里当女招待，之后一跃跳到拉夫劳伦的女装部，这是她在过去花了充足的时间和金钱血拼女装，对女装选择频繁练习的收获。赛斯·高汀（Seth Godin，一个在美国干营销而著称的企业家）在他的公司里曾要求员工在每个星期都必须汇报三件做过的错事，否则就会开掉他们。这看上去是个玩笑，但是却折射了一个观点：正确选择之前，你得先做N多错误选择。

有一句话很流行："选择比能力重要。"以此来说明选择的重要性。其实选择本身就是一种能力，不可分割。人生的很多选择，都是一个人能力的体现。如果没有丰富的知识，没有足够的勇气，没有相当的能力，没有良好的态度，在面对选择时，即使做出的选择是正确的，也很难走得远，很难走到最终的胜利。所以，任何一个当下的学习和积累，有意识的自我提升和训练，都会形成一个人判断选择的能力。

我们的人生其实充满了选择，比如吃饭时要吃什么菜，买衣服时要哪个款式，两份工作摆在面前要选哪一份，两个同时邀约要参加哪一个等等。很多选择看似与能力无关，与态度无关，只是与个人的爱好有关。但实际上，这些选择无不投射着你人生的阅历和已经成型的人生态度。而且，必须指出的是，除了重大的转折性选择之外，人生经历的任何一件事情，都是由无数的选择去完成的，无数次的选择，才组成了人生的点点线线。即使有的时候，一些事情从某一标准上来说选择错了，如果知错能改，那么最终也会是对的。比如爱迪生发明电灯试错两千多次，在经历无数次的选择错误之后，最终才发明了电灯，证明他的正确。

这个世界是多元的，价值观也是多元的，评价一个人的成功和幸福，也没有必然的标准，更多的是一种自我的体验。同样，选择也是如此。每个人的学识、能力、志趣各有不同，对同一问题提有不同见解都要尊重，对各自做出的选择也难以说是对还是错。只要是法律道德允许范围之内的事情，如何选择都可以。

如何更好地选择？这根本不是一个正确的问题。因为对于别人可能是更好的选择，但对于你可能就是不好的选择。这不是选择的能力问题，而是选择之后如何面对和承担的问题。最好的选择是就是让自己不后悔的选择。因为选择是由我们自己做出的，选择的后果也是由我们承担的，如果我们在后来的人生中，回首于这些选择，能够无怨无悔，其实这个选择就是对的。有的时候，一时的是非成败并不能代表一生的结论。遵循内心的召唤，哪怕做出的不是最好的甚至是错误的选择，是人生的一道亮丽风景。

所以，最好的选择是建立在对自己了解的基础上的。真正了解自己的特点，自己内心的渴望，并且真正了解自己的不足和软弱之处，并做出综合性的判断，然后做出的选择才是不容易让自己后悔的选择。任何一项选择，都只是选择的开始，是否证明选择正确，不仅包括面临选择时理性的判断和前瞻性的眼光，也包括痛下决断时勇敢，更包括选择决定后积极努力地去承担并坚持到底的信念。"我不悔，我选择！""我选择，我不悔。"这就是最好的选择。

第3节　团队的灵魂

如果你还以为这是个单打独斗的个人英雄主义时代，你就落伍了。市场经济大潮的推涌中，真正占领峰尖浪头的，永远是精英的团队。尤其在这个传统生意纷纷倒塌，新兴商业模式纷纷崛起的时代，平台才是真正的王者，团队才是必胜的力量。

商场竞争中，狼性团队最受推崇。而王者狼群中，头狼的地位尤其重要。成为一只头狼，首先拥有的不是才能和远见，而是组建团队当中的坚忍和不弃，一切为团队考虑的无私和奉献，以及团队建立之后，对每个人的潜能开发和深度欣赏，带领他们走向顶峰的格局和魄力。

欧力塷就是这样一只头狼，一个团队里的灵魂人物。在这个不需要个人英雄主义的团队竞争中，却永远需要一个团队里的英雄，她必要成为团队中所有人目光凝聚的焦点，成为被大家争相模仿的榜样，成为他们前进方向的指示灯，成为他们成长动力的加油站。

欧力塷通过半年多时间，终于攻克了普通话难关之后，团队的凝聚力开始慢慢显现。这件事看起来并不算什么大事，不涉及重大选择和决策，却让团队的合作伙伴儿看到了她对自己专业上的苛求和对属下负责的态度，也看到了她成长的决心和惊人的自我蜕变能力。简单地说，就是她在专业能力和自我意志上赢得了事业伙伴们的承认和尊敬；然后在公司的帮助和支持下，又做出了惊人的抉择，打破已经停止生长的利益关系，重建新的团队体系。在所有人都算计自己利益是否受损，在何去何从的选择上彷徨的时候，她却选择完全付出以成全所有人的利益。不管是合作的商家还是合作的伙伴，她都全身心承担，无条件让利，为别人的利弊得失都考虑得十分周全，唯独没有为自己的利益考虑。

这种做法，在外人眼里可能被猜测成各种版本，但在实际受益人的眼里，

却是可触可感的事实。人心中自有量尺，是非公道自有衡量。欧力壝这样为人做事的态度，理所当然成为团队的一种凝聚的核心，令人心所向。

当然，除此之外，能够让欧力壝在团队人气飙升的原因还有一个，就是人们真的看出她是个不藏私的人。有些人能够与人分享财富，却不能与人分享知识；而有的人能与人分享知识，却又不能分享财富。尤其在一些竞争领域里，有些知识和经验比金钱更宝贵，有时候遇到一个名师点悟，胜过自己读万卷书、行万里路。在欧力壝当时所在的公司里，拥有传统美容院经营经验的人不多，能够把这些真金白银的干货掏心掏肺的拿出来与大家分享的人几乎没有，而且不单是分享给自己的团队，对其他团队也毫不吝啬。这样的女人太少了，所以她注定为自己赢得敬意。

在一个自我中心的世界里，"不藏私"是一种容易说出口，却不容易做到位的标准。"不藏私"的最高境界就是"忘我"，一个忘记了自己的人才真正有可能毫无个人私心，不为利己动机。在欧力壝的团队磨合期，还没有形成团队的氛围，每个小团队都有自己的小动机，每个人都有自己的小算盘。这些东西都隐藏在大家的内心深处，不可能直接表现出来，但内心所有的必然影响到一个人的判断和选择。团队之间，业务伙伴之间，各种明争暗斗的利益冲突都会发生。作为一个团队领袖，如何面对和处理就成了众目之焦点，但凡有点藏私和不公，都会引发一系列的不满。也许不见得马上出现后果，却会慢慢堆积成疾，如暗流在地下涌动，说不定哪件事就会引发多米诺骨牌效应，造成一系列连锁负面反应。很多跨国型公司、几十年的企业、上万人的团队，一夜倾塌，可能就是因为最初开始的一丝丝"藏私"之心，一点点"小利"之行，最终酿成大祸。所谓"冰冻三尺非一日之寒""千里之堤溃于蚁穴"，都是这个道理。

那么，在这样的情况下，欧力曼是如何做的呢？其实很简单，为了客户的权益负全责！不忘初心，方得始终。欧力曼在不断改变自我的成长中，从未改变的就是自己这颗"初心"，当初怎么样，现在怎么样，以后依然怎么样！

一个人认清自己是最难的，认清自己有颗怎样的心更难。之所以难，是因为人人都有强大的自我。"不识庐山真面目，只缘身在此山中"，人认不清自己的根源就在于人处于自我当中，所以，有时候外人看我们比我们自己看自己更准确。欧力曼也有很强大的自我，但她的自我与别人有个很大的不同，她是以"目标"为自我代言人，凡事如果不达成目标，就找不到自我价值。为了这个目标的达成，她真的可以做到"忘我"，就是放弃自己一切理所应当的权益，全身心对准那个目标。只要目标达成，一切皆可放下。

这样的人一直都是可怕的。约翰·洛克菲勒说："只有偏执狂才能成功。"这种人毫无疑问对目标具有偏执性的疯狂。但是，这样的人也会有很大的杀伤力，因为他们可以为了达成目标不择手段，历史上也有很多案例，比如希特勒。幸好欧力曼是一个三观端正的人，而且内心非常善良，看不得别人受苦。每个经历贫穷和生活艰难的人，在她眼里都如同曾经的自己让她感同身受。她对人不屈服于贫穷命运的抗争，具有强大的同理心和同情心，凡是遇到这样家境贫穷又想改变命运的人，她会不由自主地、全力以赴地帮助他。因为这些人都让她感受到自己曾经的艰难，她无法做到在自己有能力的情况下，还眼睁睁地看着别人在无望中挣扎。

就因为欧力嫚这方面缺乏原则性抵抗力，反倒形成了她所带领的团队的一种特殊氛围。这就是，很多团队都知道，团队成员之间严禁有经济往来，最怕存在经济欠债关系，因为一旦处理不好，非常容易影响整个团队发展。而在欧力嫚的团队里却恰恰相反，经常出现某个人经济上出现困境，全体员工慷慨解囊帮忙的事，而且是团队领导人带头走在其他人前面。曾经欧力嫚下面团队有一个业务员得了不治之症，当时这个团队成员刚刚加入不久，和大家也不是很熟，但因为是团队的一员，所以欧力嫚带头捐款，其他成员也自动自发地捐助，短短时间就筹集了十几万元。此类捐助的事比比皆是，只要是别人需要帮助，欧力嫚就会慷慨解囊，甚至到了没有原则的地步。

团队有些领袖觉得欧力嫚这样会给一些成员可乘之机。的确不排除有些人利用她的善良来骗取利益，她内心也非常清楚。但她认为，这样的人相对于需要帮助的人来说，影响力非常有限，最多自己的利益受点损失。而一旦她收回对人那种无偿帮助的心，不但可能会错过该得到帮助的人，而且也滋长团队那种人人为己考虑的私心，团队形成的这种"不计个人利益，首先考虑他人所得"的氛围，就会被破坏，这才是最大的损失。

其实，欧力嫚并不是滥情，也不是对金钱没概念，更不是随便谁都可以帮她花钱。比起一个急难中捐款这样的帮助，她更愿意帮助那些在事业上遇到瓶颈，或者有坚定的决心想改变自己命运的人，对于这样的人，她不单单会慷慨解囊，更会在事业上倾囊相授。曾有一个投资上百万的美容院经营不善，欠下高额贷款无力偿还，她了解了事情之后，不但先替这个美容院的老板垫还了几十万的高额贷款，还成立专门的业务团队驻扎在美容院，以这个美容院为样板店建立美容院服务体系，彻底帮助美容院扭亏为盈，完全脱离之前的负债经营状况。这样改变一个人的人生和命运的事，她更愿意去做。

不仅在金钱上，欧力嫚舍得付出，在个人的精力、时间、关注，甚至身体健康，她都付出给了团队。举个例子，2012年的时候，欧力墁的团队刚刚成型，因为发展速度过快，为了帮助加盟的事业合作者快速成长，跟得上团队的整体步伐，地方各个市场的新人培训非常密集。当时都会提前一个月做好各地的培训计划，欧力墁也会事先规划好自己的行程，在全国各地巡回培训。

可是，在一次培训临期的前五天，欧力墁突然因为宫外孕大出血被送进医院。当时情况十分危急，连夜送进医院，检查出病症之后立刻送进了手术室，做了手术。宫外孕手术不是一个小手术，跟剖腹产差不多，医生千叮咛万嘱咐最少要等到一星期才可以出院。但是欧力墁却无法在医院安然躺卧，她知道这次培训地方团队策划很久，非常重要，参加培训的都是来自各地市场非常关键的业务骨干，也包括一些很有培养前途的业务新人，如果自己不亲临现场，实在有些放心不下。还有，此类培训她作为团队灵魂人物，一向都是要亲自到场陪同的，这是一种负责的精神，也是一种协作的态度，是她一直身体力行贯彻提倡的，如果自己不去，她一再贯彻的团队精神，就变成了谎言。同时，作为惯例，市场业务人员对她的到来早已充满期待，欧力墁不想令他们失望。虽然自己临时手术入院，似乎非常情有可原，了解情况的团队成员也绝对不会抱怨自己，但她却觉得不管是什么理由，人们只会看到她没有到现场的事实，也不会都有耐心去了解事情的真相，而是直接形成一个印象：欧力墁言而无信，她的团队不可信任。

其实这次培训很大一部分都是新加盟的业务人员，如果自己不去现场，团队信誉也许会受到一些影响，但业绩并不会有太大波及。从个人利益本身来说，欧力墁可以不去的。但是，她却不这样想。她想到的是，地方团队的领头人以后再贯彻什么会变得艰难，因为诚信度已经打了折扣，下面的人可能不相信他们所说的。而且，这批成员都是新人，最需要的就是成长和关注，自己不去给他们陪伴和加油，也许他们就会形成一种对事业无所谓的态度，这种态度甚至可能会影响他们一生，成为他们成功路上的极大障碍。而且，不负责任是会传染的，自己责任感不到位，无法影响出有责任感的下属。如果想让所有地方团队的领头人能够为自己的下属负责，那么自己必须先成为没有任何借口的榜样。反复思量，欧力墁都觉得自己无论如何得按行程计划行事，绝对不能简单放弃，有合理借口也不行。

所以，欧力墁做了一个非常胆大的决定，居然在大手术之后的第五天，没有拆线、吊瓶也没有停止的情况下，带着所有的药物，临时找了团队里一个护士出身的伙伴作为贴身随从，偷偷从医院里跑出来，直接奔机场，在培训课程即将开始之前十分钟抵达现场，丝毫没有耽误正常培训计划。

欧力墁忍着腹部的疼痛，一场不落地陪同业务同伴们一起学习，耐心解答他们遇到的问题。从那些渴望的眼神中，她读到了一个个祈求成功的心愿。没有人知道她此时腹部包扎的绷带上正在渗透着鲜血，也没有人明白她是如何地忘我才能来到这里，只为了成全他们的梦想早日实现。但欧力墁觉得自己一切付出都值得，因为她看到了这些人想要成功的心。就像当初的自己，不管经历怎样的艰难险阻，都无法阻挡自己向贫穷的命运宣战。

三天的陪同学习中，欧力墁多次感受到身体的不适，甚至有几次达到将要虚脱的状态，汗出湿背。但她却凭着惊人的意志力挺了过来。她不断告诉自己，一定行！没问题！幸好一切准备充足，每次身体极度不适赶紧补充药物，休息个把小时，继续工作。与团队管理每天都有碰头会，了解每个业务人员的情况，商议下一步如何把他们带领上路，成为一个合格的市场人员，每次她都是边吊瓶边与管理人员开会。培训四天三晚，都是高度密集训练，她居然全程陪同下来了，亲自监督检验，每个环节都不曾落下。当时，一个管理人员看到她那样子，立时抱着她就哭了，其他管理也被感染，哭声一片。但这哭声的背后，却孕育了一个团队的精神，就是不找任何借口，一定要对自己的团队每一个成员负责、守信。犹如一个士兵上战场，不死不休，绝不后退，绝不推诿。

这种毫不藏私的精神一直在欧力墁的团队中持续并传承着，并且演变出各种各样的版本。在利益、金钱面前，永远都是退让与奉献；在责任、义务面前，永远都是面对与承担。这是欧力墁团队悄然无声形成的氛围，犹如团队的灵魂。

第四章　不言败的团队

每一个融入团队的人都会不知不觉被这种灵魂入侵，形成带着独特印记的体质，走到哪里，都会自然吸引来气场相投的人跟随。所以，团队做到一定程度，不是人为的努力去打造的，而是团队整体所散发的气息，自然聚拢来志同道合的人，形成一个价值观高度契合却又才华各异的团队。这样的团队才是真正意义上的团队，百花齐放却又合而为一，像春天一样朝气蓬勃，充满万物生长的力量。

当欧力嫚真正登上成功的舞台，享受万人瞩目的膜拜，成为众人眼里的女神的时候，她依然没有更改这份初心。宁可吃有形的亏，不吃无形的亏，那就是永远利他，如果说利己是必需的，那一定是通过利他来成就的。所以，她成功之后永远想的是如何帮助别人成功，如何拿出自己已有的，帮助别人更快更容易成功，让他们不要像自己那样走那么多弯路、付出那么多辛苦再成功。

你若不离不弃，我必生死相依。这句话是欧力嫚给自己定下的基准——不抛弃一个同伴，不愧对一个客户。这么多年，一路走到今天，她靠的就是这份对缘分的执念——她的心目中，相遇就是缘分，相信就是责任，每一个相信她的人，都是冥冥中注定是她必要背负的责任，这是她的使命，也是她的价值。

欧力嫚这份始终如一的真心，致使她拥有了一个坚如磐石的团队。多年来她一点一滴的做到，无不向团队的每一个人证明这点。所以，最让欧力嫚骄傲的，不是自己的团队拥有怎样强大的战斗力，如何能建立业绩，而是团队里每一个人对她的无条件的信任和服从。也许他们不见得理解她的每一个决定，但他们却从不质疑地去执行。因为他们知道，自己的老大一直以来就总是凡事为他们考虑，绝不会让他们吃亏，对这样的老大，简单服从就是对她最高的敬意。

欧力塎：不忘初心，方得始终

我是个执念很重的人，一旦认定目标和准则，便不会轻易更改。都说成功的人需要有很强的目标感，但严格讲我并不是一个有意制定目标，并不断鼓励自己朝着目标奔跑的人。很多目标确立的时候，我自己却并不很清晰，但是我方向感很强，我只是凭着直觉那是我应该对准的方向，然后就一心、全心、持续地对准那个方向行动了。最初的"目标"是在我不断地朝着一个方向奔跑的过程中形成的，之后的"目标"不过是第一个目标的加强版和后续版，在第一个目标达成之后自然生成。

我自认为我行动力很强，头脑也不复杂，所以在行走的途中，我不大容易跑偏。有时候觉得自己不够变通，有时候又觉得自己非常灵活。之所以会这样，是因为我内心从来都是对准最初认准的方向，偏离方向的时候我拒绝变通，朝着方向有拦阻的时候我就灵活绕过，反正总是方向不变的，一直向前。

所以，不管做什么，我都不会忘记最初的想法，也不会丢弃最初的原则。我相信人这一生会经历很多各种各样的事情，每个人也必须不断学习，随缘改变，跟上时代的步伐。但真正让人站立得住的，一定是不能改变的东西。也许是一份真诚，也许是一丝善良，也许是一点宽容，也许是一种积极……这些东西本是每个人都具备的美好本真的品质，但很多人在奔跑的途中因着急切想到达目的地，却把它们当成了包袱丢下了。

"不忘初心，方得始终"这句话一直是我内心常常默想的一句话。每当遇到困境，感到艰难，没有动力的时候，我会回到这句话中，重新思考自己最初的心愿是什么，最初的原则是什么，把一切杂乱无章的想法全部格式化，恢复到原点。这是我多年来经常做的自我整理，不复杂，很有效。这样的整理常常让我在混乱的境况中看到最初的心光，那就是我的指引，把我从各种思虑中拯救出来，对准原点痛下决断。一旦痛下决断去做，一切就变得简单。因为很多事情并没有想象中那么难，之所以感到难，是因为没去做。

【超级链接】／／对准不变的方向，不断有目标，一直在路上

"这个世界上，没有人能够使你倒下，如果你自己的目标还站立的话。"

——马丁·路德·金

有人说，目标犹如火焰，当阴霾蔽日之时，指引你奔向光明的前程；有人说，目标宛似温泉，当冰凌满谷之时，冲荡你身心暖融融；有人说，目标好比葛藤，当你向险峰攀登之时，引你拾级而上；也有人说，目标就像金钥匙，当你置身于人生迷宫之时，助你撷取皇冠上的明珠。

目标并不深奥，目标其实就是自己为之奋斗而所要得到的东西。任何人都可以把梦想变为现实，但首先你必须拥有能够实现这一梦想的目标。信念在人的精神世界里是支柱，没有它，一个人的精神大厦就极有可能会坍塌下来。目标是力量的源泉，是实际目标的基石。

价值所在：拥有自己的"人生指南针"

德国法兰克福的钳工汉斯季默，从小便迷上音乐，他的心中自然就有这样一张"人生指南针"——当音乐大师。买不起昂贵的钢琴，就自己用纸板制作模拟黑白键盘。他练贝多芬的《命运交响曲》时竟把十指磨出了老茧。后来，他用作曲挣来的稿费买了架"老爷"钢琴，有了钢琴的他如虎添翼，最后成为好莱坞电影音乐的主创人员。

他作曲时走火入魔，时常忘了与恋人的约会，惹得许多女孩骂他是"音乐白痴"、"神经病"。婚后，有一次他煮加州牛肉面，边煮边用粉笔在地板上写曲子，结果是面条煮成了粥。妻子对他很客气，不急不怒，只是罚他把糊粥全部喝掉，

剩一口就"离婚"。

　　他不论走路或乘地铁，总忘不了在本子上记下即兴的乐句，当作创作新曲的素材。有时他从梦中醒来，打着手电筒写曲子。

　　终于，汉斯季默在第六十七届奥斯卡颁奖大会上，以闻名于世的动画片《狮子王》荣获最佳音乐奖。这天，是他的三十七岁生日。

　　我们羡慕那些成功人士所获得的鲜花、掌声，却常常忽略了在这些成功背后的艰辛。我们出生时条件并不重要，重要的是拥有去争取一切我们想要的东西——"人生指南针"。

　　所谓"人生指南针"，就是指人生的目标与理想，而为了达到这个目标，必然调动一切智慧来发现方法，所以，没有目标的人生就不会激发智慧和创造力。一个人想要过一个理想完满的人生，就必须先拟定一个清晰、明确的人生指南针。没有目标的人生是空虚而没落的，烦恼将不约而至。有了目标人生才有真意。拥有目标并为之奋斗，让生活充满充实的感觉，是真正的快乐之道。

　　为了了解目标对人的影响，有个著名的心理学家做了以下的实验。他们召集了一百个左右辛勤工作的人，并把他们分成两组。他们告诉第一组的人说："从今天起一个月内，你们可以尽情地做你们喜欢做的事，我们会全力支持的。"于是他们吃喝玩乐，样样应有尽有。而对第二组的人他们则说："希望你们按照每天原来的作息行动。"不用说，第二组的人一定相当羡慕第一组的人。可是过了一个月之后，结果变成怎么样呢？

　　第二组的人的日常生活以及生活意识和实验前一样。换句话说，他们还和以前一样偶尔发发牢骚，不过仍然辛勤地工作着，空闲时就去从事一些休闲活动。相反的，第一组人的结果却相当出人意料。刚开始他们尽情地玩乐，因为他们要什么就有什么，世界上再没有什么比这个更令人高兴的事了！然而，过了不久之后，他们慢慢地不知道自己到底想要做些什么，然后索性就睡他个一整天。

　　当人生有目标的时候，你会觉得每天都朝气蓬勃，因为努力去完成自己的心愿是人生最大的乐事。如果凡事不用努力就唾手可得的话，人将无所事事，所以说有自己想追求的目标是一件好事。假使只像第一组人的生活，人生将会过得相当的无趣。

没有目标，人很容易在芸芸众生中失去自己。有了目标，人生就变得充满意义，一切似乎清晰、明朗地摆在你的面前。什么是应当去做的，什么是不应当去做的，为什么而做，为谁而做，所有的要素都是那么明显而清晰，甚至在是困难时，目标可以帮助你渡过难关。

据说有一年，在一片茫茫无垠的沙漠上，一支探险队在那里负重跋涉。阳光很强，干燥的风沙漫天飞舞，而口渴如焚的探险队员们没有了水。水是队员们穿越沙漠的信心和动力。

正在这时，探险队队长从腰间拿出一只水壶说："这里还有一壶水，但穿越沙漠前，谁也不能喝。"那只水壶从探险队员手里依次传递着，沉沉的，一种充满生机的幸福和喜悦在每一个队员濒临绝望的脸上弥漫开来。

终于，队员们一步步挣脱了死亡线，顽强地穿越了茫茫沙漠，当他们喜极而泣的时候，突然想到了那壶带给他们实现目标的水。拧开壶盖，汩汩流出的却是满满的一壶沙。在沙漠里，干燥的沙子有时候可以是清冽的水——只要你的心里驻扎着拥有清泉的信念，活下去的目标。

纵观有成就的人，他们在其起步时就有了一个奋斗的目标。高尔基指出："只有满怀目标的人，才能在任何地方都把目标沉浸在生活中并实现自己的意志。"

确立目标：正确地认识你自己

明天的路该怎样走，这是每个人都应该想的问题。时间飞逝，岁月如梭，当我们还在一个地方踟蹰不前时，应该考虑明天的路该怎样走。

目标既然是成功的基石，那么怎样才能树立起人生的目标呢？在希腊帕尔纳索斯山南坡的入口处人们可以看到刻在石头上的字，用今天的话说，是"认识你自己"。这正是目标赖以建立的前提。

正确地认识自己，根据自身的条件和实际的可能制定目标，使自己的长处得以发挥，就会感到自己并不比别人笨。你有不及别人的地方，而别人也有不及你的地方，目标便由此产生并不断得到加强。

正如古希腊哲学之祖泰斯说的那样——"人生最快乐同时也最难的事就是拥有自己的目标，并且把它完成。"人生是因为目标才变得充实快乐的。

但是，在正确认识自己这件事上，人很容易进入一个陷阱，就是认为自己不行。

有篇文章题目是"心灵的等高"，不知道是谁写的，其中这样写道："可以不是伟人，但心灵要与他等高；可以不是英雄，但心灵要与他等高；可以不是智者，但心灵要与他等高。"

所谓卑微者不是指一个人成就、地位的低下，而是指心灵卑微导致的人格低下。所谓高贵者也并不是指一个人功高盖天、名可震地，而是指心灵永远和高贵者的心灵等高致使人格的崇高。凡总想自己应该低人一等，自然永远抬不起头来。不抬头正视现实，不抬头目视前方，会步伐稳健地前进吗？总想自己不如别人，用胆怯的心态面对别人的成功，会成为成功者？总想自己不如别人，总低头走路，仰头看人，心中的别人永远高大，心中的自己永远渺小，会潇洒快乐吗？

把自己的心灵放在一个确定的高度，然后按这个高度去追求奋斗，自然就可以仰着头走路了。

那么明天的路该怎样走自然不言而喻。其实每个人都是高贵的，你自己不甘平庸，你就不会低人一等。只要你有坚定的目标、明确的方向、昂扬的斗志以及拼搏的精神，你又岂会低人一等呢？

荷马史诗《奥德赛》中有一句至理名言："没有比漫无目地徘徊更令人无法忍受的了。"明天的路怎样走，这不是简单的一句玩笑，它需要我们有要强的毅力和不怕苦不怕累的斗志。它告诉我们不要被眼前的奢侈繁华所迷惑，要有一种不凡的气度；它告诉我们只要有坚定正确的目标，然后按着这个目标去努力、去拼搏、去奋斗，明天的路就知道该怎样走；它告诉我们莫为浮云遮望眼，只要拂去阴霾，就能亮出朗朗晴空。要相信自己不会一直处于人生的低谷期，总有一天能冲破重重云层。

在心底告诉自己：我并没有失败，只是暂时没有成功！我的心灵永远和高贵者的心灵等高，只要在内心点亮一盏希望之灯，一定能驱散黑暗中的阴霾，迎来光明，也一定能明白明天的路该怎样走。其实人生就是一连串的抉择，每个人的前途与命运，完全把握在自己手中，只要努力，终会有成。

创业思维：在确立目标之前，先确认方向的正确

创业并不是富人的专利，穷人创业同样会成功。很多人创业的目的都是为了有更好的物质生活，也许相对于富人来说，穷人没有充足的资金，丰富的人脉，但是只要有一颗坚定创业的心，就一定能够成功。

创业是一个极其艰辛的管理过程。据统计,全国每年新生15万家民营企业，但同时每年又死亡10万多家；民营企业有60%在5年内破产，有85%将在10年内死亡。无论是背托资源创业的，还是白手起家的创业者，都必须面对这"一边是海水，一边是火焰"的创业现实。

很多创业期公司在实际运作中空有创业的激情却无法把握创业管理的精髓，以致搞不清楚为什么别人的公司能赚钱自己却不能，为什么别人的公司能延续而自己却不能，为什么别人的公司在同样的困境中总能突围自己却不能。别人的成功不等于你的成功；昨天的成功不等于今天的成功。创业管理的关键在于是否以变应万变，不断寻求为强之道，突破管理的偶然性而去把握管理的必然性。

首先，方向是创业和发展的第一个重要指标，就是你要为什么而奋斗。方向不是目标，目标有终点，而方向永远没有终点。对于年轻人和创业者而言，方向是非常重要的。说得再难听一点，即使我们自己很笨，只要坚持一个正确的方向，一直坚持，也会取得不错的成果。有了方向，目标就会更加清晰，也

可以更加有效地去管理目标。

当我们有了方向以后，最重要的不是先掌握方法，而是先明确目标。比如大学毕业生常常可以分成两类：一类是上学就有明确目标的，这些人在上学的四年中，除了正常的学习，还会围绕自己的目标去学习和提升，所以，这类大学生特别好用，只要工作的意愿够高，可以快速成为一流的员工；还有一种类型是大学上完了还没有目标的，为了上学而上学，他们来面试的时候也不知道自己要做什么，只是有什么工作就干什么工作，或者干脆一坐，问 HR 你能给我安排什么工作。一个有实力和远见的公司 100% 不会用第二类大学生，因为培养的成本太高了。

有了方向和目标以后，最重要的不是马上去找方法，而是先解决自己的意愿问题。意愿就是一个人为了实现目标而付出行动力的决心。我们常说人要有压力，但空有压力而无所作为的人数不胜数。只有通过意愿变成超强的行动力，产生出结果和实现目标的才是有价值的。所以要放弃压力，变成行动力，而行动力的根源来自于意愿，只有行动力才可以实现你的目标。当一个人具备了很好的方向、目标和意愿以后，他就具备了创业的基本条件。

最后是方法。人最不缺的就是方法，最缺的也是方法。不缺的时候方法很多，就是用不上；缺的时候，方法也很多，就是没有最有效的那个。方法本身并不重要，为了实现目标而存在的方法才是最重要的。对于一般人而言，只有自己有强烈的意愿去实现目标的时候，才非常容易接受别人给予的方法，甚至自己去找寻方法，所以，获取正确方法的前提是目标和意愿的存在；一个人如果具备很好的学习和聆听能力，他会把所有的方法变成自己的，在实现目标的那个环节中以最恰当的方法来使用。对于管理者而言，管理的同时，方法会成为催化剂，这个催化剂可能是正面的，也可能是负面的。方法一定要在别人需要的时候再给予，也就是对方有意愿和需求去达成目标的时候。

当这一切都具备之后，就需要拿出毅力去达成目标了。毅力 = 坚持 + 突破。我们设定的目标是由很多小的目标组成的，小的目标完成了，大的目标就可以完成了。不过，人们常常被目标搞死了，遇到一些难度或者阻碍的时候，就不去完成了，绕开它，然后寄希望于找到更多新目标去实现大目标。所以，盯好眼前的目标就足够了，用你的毅力去战胜困难和阻碍，坚持和突破！慢慢地，你就会具备实现目标的能力了，而这完全归功于你的毅力。

最值得兴奋的就是成果，而不是过程。成果意味着你可以去挑战更高的目标了。

12条成功法则：你需要刻印这些话语，形成体质

一艘没有航行目标的船，任何方向的风都是逆风；一个没有目标的人，永远也找不到人生的方向！把下面这些至理名言刻印下来，形成体质，让你的人生自动成为目标性人生，那么，成功并不遥远。

第一条：一艘没有航行目标的船，任何方向的风都是逆风。

1. 你为什么是穷人，第一点就是你没有立下成为富人的目标。
2. 你的人生核心目标是什么？杰出人士与平庸之辈的根本差别并不是天赋、机遇，而在于有没目标。
3. 起跑领先一步，人生领先一大步：成功从选定目标开始。
4. 为什么大多数人没有成功？真正能完成自己计划的人只有5%，大多数人不是将自己的目标舍弃，就是沦为缺乏行动的空想。
5. 如果你想在30岁以前成功，你一定在23至25岁之间确立好你的人生目标。
6. 每日、每月、每年都要问自己：我是否达到了自己定下的目标。

第二条：两个成功基点，尊重原理，首先定位。

（一）人生定位：站好位置，调整心态，努力冲刺，给自己定下成功的年龄。

1. 人怕入错行：你的核心竞争力是什么？

2. 成功者找方法，失败者找借口。

3. 从三百六十行中选择你的最爱。

4. 寻找自己的黄金宝地，人人都可以创业，但却不是人人都能创业成功。

（二）永恒的真理：心态决定命运，30岁以前的心态决定你一生的命运。

1. 不满现状的人才能成为富翁。

2. 敢于梦想，勇于梦想，这个世界永远属于追梦的人。

3. 30岁以前不要怕，30岁以后不要悔。

4. 出身贫民，并非一辈子是贫民，只要你永远保持那颗进取的心。中国成功人士大多来自小地方。

5. 做一个积极的思维者。

6. 不要败给悲观的自己。有的人比你富有一千倍，他们也会比你聪明一千倍么？不会，他们只是年轻时心气比你高一千倍。人生的好多次失败，最后并不是败给别人，而是败给了悲观的自己。

7. 成功者不过是爬起来比倒下去多一次。

8. 宁可去碰壁，也不要在家里面壁。

第三条：三大管理技巧是必备基本功课。

1. 时间管理：你的时间在哪里，你的成就就在哪里。把一小时看成60分钟的人，比看作一小时的人多60倍。

2. 财务管理：你不理财，财不理你。

3. 自我管理：知行合一，游刃有余。

第四条：四项安身立命的理念要终身持守。

1. 做人优于做事。做事失败可以重来，做人失败却不能重来。做人要讲义气，并且要有担当，永不气馁。

2. 豁达的男人有财运，豁达的女人有帮夫运。

3. 忠诚的原则：30岁以前你还没有建立起忠诚美誉，这一缺点将要困扰你的一生。

4. 把小事做细，但不要耍小聪明。想做大事的人太多，而愿把小事做完美的人太少。

第五条：运气总是更容易降临在有准备的人身上。

1. 人生的确有很多运气的成人：谋事在人，成事在天。

2. 机会时常意外地降临，但属于那些不应决不放弃的人。

3. 抓住人生的每一次机会，机会就像一只小鸟，如果你不抓住，它就会飞得无影无踪

4. 智者早一步，愚者晚一步。

5. 比尔·盖茨说：人生是不公平的，习惯去接受它吧。

第六条：时刻提醒自己要达到的六项要求。

1. 智慧：别人可你以拿走你的一切，但拿不走你的智慧，人人都有智慧，巧妙运用自己的智慧，是智者与愚者的区别。

2. 勇气：勇气的力量有时会让你成为"超人"，最大的勇气是敢于放弃，敢于"舍得"。

3. 培养自己的领导才能、领袖气质。用激情感染别人，拥有拍板决断的能力，培养人格魅力。

4. 创造性：不要做循规蹈矩的人。25-30岁是人生最有创造性的阶段，很多成功人士也都产生在这一阶段。

5. 明智者：知道自己的长处、短处，定向聚焦，尽量在自己的熟悉的领域努力。

6. 持之以恒的行动力：在你选定的行业坚持十年，你一定会成为大赢家。

第七条：学习永远是一生中不可不做的事。

1. 知识改变命运。
2. 30岁以前学会你行业中必要的一切知识。
3. 太相信书的人，只能成为打工仔。
4. 思考、实践、再思考、再实践。
5. 每天淘汰你自己。
6. 在商言商。
7. 学历代表过去，学习力代表未来。

第八条：一切成功都是人际关系的成功。

1. 朋友多了路好走。
2. 智商很重要，情商更重要：30岁以前建立起人际关系网。
3. 人脉即财脉：如何搞好人际关系。
4. 交友要有原则。
5. 善于沟通：30岁以前要锻炼出自己的演讲才能。

第九条：习惯决定着你的成功的大小

1. 积极思维的好习惯。
2. 养成高效工作的好习惯。
3. 学习聆听，不打断别人说话。
4. 养成锻炼身体的好习惯。
5. 广泛爱好的好习惯。
6. 快速行动的好习惯。

第十条：只要有自信，一无所有也可以从头再来。

1. 自信是成功的精神支柱。

第四章　不言败的团队

2. 自信方能赢得别人的信任。

3. 把自信建立在创造价值的基础上。

4. 如何建立自信？为自己确立目标，发挥自己的长处，做事要有计划、不拖拉，轻易不要放弃。

5. 学会自我激励，不要与人比较，不要让自己成为别人。

第十一条：必须要避开的成功陷阱。

1. 苦劳不等于功劳。

2. 不要怀才不遇，而要寻找机遇。

3. 不要想发横财。

4. 不要为钱而工作，而让钱为你工作。

5. 不要盲目跟风，人云亦云，人做我也做。

6. 小富即安，不思进取，知足常乐。

7. 承认错误而非掩饰错误。

8. 脚踏实地而非想入非非。

9. 野心人人而不是信心十足。

10. 反复跳槽不可取。

11. 眼高手低。

12. 不择手段。

第十二条：如不努力，没有人能随随便便成功。

1. 小不是成功，大不是成功，由小变大才是成功。

2. 中国社会进入微利时代：巧干 + 敢干 + 实干 = 成功。

3. 努力尝试就有成功的可能。

4. 做任何事情，尽最大努力。

第4节　系统的建立

　　金碧辉煌的舞台，玄幻如梦的灯光，激情的电音不断敲打心脏，国际名模踩着节奏潇洒帅酷的步伐，这是一场千人时尚大秀，策划规模、模特水准、舞美效果，堪称时尚界一流水平。名模、明星、名流汇聚一堂，名车、珠宝、礼服、红毯……整个现场充满了华丽梦幻般的色彩，美女如云，满眼秀色，流光溢彩。

　　"这里是由中鼎恒生独家赞助的年度时尚盛典，感谢各位嘉宾的到来。下面有请中鼎恒生行政总裁欧力墁女士为我们此次盛典致辞！"主持人清脆的声音刚落，洪水般的掌声伴随着尖叫声充斥了整个大厅，追光灯跟随着款款走上前台的欧力墁总裁，定格在舞台中央。欧力墁挥手致意，掌声欢呼声渐渐停息。

　　有那么一瞬间的寂静。台下的众人都在等待这个传奇的女人发言。欧力墁在灯光的照耀下，并不能看得清台下，她只是允许自己沉静下来，平复下激动的心情。走到这一天是没有悬念的，然而抵达这样没有悬念的结果的过程，却充满惊涛骇浪。所有的成功都有被宣扬的理由，为的是酬报合作者的奋斗，更为了激励跟随者的未来。

　　"感谢公司建造这么好的平台，感谢公司给予团队的支持和帮助，更感谢今天到场的每一位。因为这不仅仅是一场风光华丽的时尚盛典，更是我们中鼎恒生在公司的大力扶持下，一路走到今天的盛大见证。我们见证了一个永不放弃的奇迹，见证了一份无条件相信的力量，见证了任何成功都无方法可寻，而唯独需要一颗不离不弃为他人着想的赤子之心！"欧力墁掷地有声地缓缓道来，"这次盛典不是我们实力的总结，不是我们荣耀的展示，而是一个崭新的开始，这个平台是从公司的大平台下孵化出来的，是专门为你们搭建的，可以帮助你们更快更稳地走向成功。我要让每一个与我并肩作战的弟兄姐妹们知道，我欧力墁从未更改初心，就如最初向你们承诺的那样！"

最初的承诺，要把时光翻回那一年。欧力塨度过普通话难关之后，在团队里建立了领袖的威信，带领自己团队的合作伙伴一路凯歌地攻营掠地，取得了卓越的战绩。看起来一切很好，若按照这个节奏一直走下去，一定会顺风顺水令众人满意。可是，人生从来都不会这样被书写，一帆风顺在事业路途中大多数都只是祝福。这不，一切刚刚上了轨道，考验立刻来了。

那一年，欧力塨的团队已经迅速发展成上千人的规模，内部管理结构已经不能适应发展要求。而她自身也因为管理问题陷入疲于奔命的状态，每天非常辛苦，但业绩却无法突破，几次改革，基本都无疾而终。团队明显进入责任不明、人浮于事的瓶颈期。

这个时期，是欧力塨最艰难的时期。因为管理上的流弊，常常是很辛苦地盯了很久的客户，突然被别人拉走了。那段时间经常出现跑单现象，团队里弥散着一股消极又尴尬的氛围。售后服务也因此受到影响，甚至跟从欧力塨多年的老客户也流失了。那阵子，大家不是觉得使不上劲儿，就是觉得用尽了洪荒之力也不能挽回某些不想要的结果。

欧力塨非常难过，但她无暇让自己沉溺在这种情绪之中。她非常清楚，自己的团队出现问题了。这问题不是自己能力问题，也不是其他团队成员的能力问题，而是目前的团队机制已经不能跟上其发展壮大的速度了。所谓林子大了，什么鸟都有，所以说"小团队做业绩，大团队做管理"。欧力塨明白，那种靠着个人诚信和服务去感动客户的时期已经过去了，她现在必须要有完善的系统才能支撑在团队飞速裂变的时候不留下崩盘的隐患。

在外人看来，欧力塨的团队发展很好，他们看不到繁荣的表面下暗流涌动的危机。除了内部管理问题让欧力塨备感压力之外，外部的行业竞争也越来越明显了。树大招风，当你还是个小兵的时候，没有人把你当对手，当你强大了，自然会成为竞争者的靶子。欧力塨团队就处于这样内忧外患的阶段。

怎么办？欧力塨苦苦思考对策，也尝试进行一些内部的管理结构调整，培养提拔一些有能力的人员，但整个业务流程和管理机制并不能形成一个融合的系统。就在她为团队的现状和未来苦思对策的时候，公司领导以敏锐的眼光看到了欧力嫚团队目前面临的问题。公司对欧力嫚的发展似乎分外关注，这份关注从她进入公司那天就开始了，可以说，她之所以事业发展这么迅速顺利，跟公司的关注不无关系。公司领导早就发现了欧力嫚的"头羊"潜力，一直默默栽培她，使她更具有领袖的眼光和魄力。所以团队出现问题，公司也不会坐视不管，主动找欧力嫚了解情况，进行沟通。这一行为对欧力嫚无疑是极大的帮助和鼓励。公司领导不断地和欧力嫚商议，帮她重新定位，梳理团队，分析客户。通过公司的帮助，欧力嫚的思想观念变得更加成熟，格局越来越大，眼界越来越宽。虽然看起来这是个危机时刻，可欧力嫚却从这里面看到了蓄势待发的跳跃提升。她相信，每一次低谷的背后都是一次扬升，以前是个人，现在是团队。

多年以后，欧力嫚回想起这段经历，还对公司感恩不已。她认为这是自己成长最快的一段时间，眼界、格局比之前数倍放大，思维方式也颠覆式的改变。这就是平台带给人的巨大价值，这是个人单打独斗无法相比的。

有了公司的支持，欧力嫚不再为团队目前的状态苦恼，完全恢复了一个领导者面对瞬息万变的市场所应该拥有的那种从容和淡定的姿态。其实这个世界的真相就是"欺软怕硬"，越是忧虑担心，便越会被所忧虑担心的事情控制，反而将事态推向更恶劣的一面；而当你完全不在意眼所见的得失，以轻松的心态面对一切的时候，"峰回路转、柳暗花明"的境况便会随之而来。

欧力嫚身边有三个非常好的业务伙伴，她们都是非常优秀的女人，都是团队的领袖，和欧力嫚一样拥有规模不小的团队。她们就是以后与欧力嫚共同建立中鼎恒生系统的三位老总——刘煊源、扶爱漾、盛馨冉。欧力嫚与她们的友谊也是在商场上拼出来的，"赠人玫瑰，手有余香"，每一份付出都不会没有回报，欧力嫚曾经给予她们事业上的支持和帮助，她们也同样以感恩的赤诚投桃报李。在欧力嫚团队出现管理瓶颈的时候，作为事业闺蜜，她们三个也与欧力嫚同气连枝，一同出谋划策。同时，她们自己也面临同样的团队管理问题。

在公司的鼓励下，欧力嫚与三人多次碰撞商榷之后，她们共同做出了一个

第四章　不言败的团队

大胆的决定。那天，欧力嫚和三位事业闺蜜以及四个团队里的核心人员，开了一个重要的会议。

在会议上，欧力嫚说："不管我们之间是否有业绩关系，在营销的链条上，我们每一个人都是利益共同体，一荣俱荣，一损俱损。一个人的力量有限，一个团队的能量有限，我们都能看到这个世界的发展趋势不是各自为政，而是抱团发展，资源共享，形成体系。团队发展到一定程度，就不再是个人能力统领天下的格局，而是要形成系统。依靠系统，由系统本身来带动团队前行。这是团队管理的发展趋势。

"这里和我一起并肩的三位老总，每一个都很优秀，团队带得风生水起。但在时代大潮面前，我们都得学会未雨绸缪。公司既然支持我们连横，建立系统，那么，我们就顺势而为，携手共进，众志成城。我坚信，系统作战，明天一定会更美好。"

这是一件令人振奋的大事！2015年3月，中鼎恒生系统在欧力嫚以及刘煊源、扶爱潆、盛馨冉四人合力担当下，正式成立了！正值春风宜人、万物勃发、生机盎然的季节，每个人都相信系统的诞生会突破目前的困境，带来一路坦途。当时四个团队的人都为这件事欢欣鼓舞，士气大大高昂。

在公司的建议下，大家一致推崇欧力嫚为老大，因为她有大爱的格局、果断的裁决力。更重要的是，她为人的无私和包容，让另外三个老总心悦诚服。公司也非常赞同欧力嫚为领头者，公司多年来对她寄予厚望，这样的结果无疑是皆大欢喜的。

可是，事情并不像人所想象的那么简单。虽然四个团队联合建立统一的系统，但真正统一形成合力还亟待磨合。就如每一场合作都很难在第一时间就达成水溶交融一样，中鼎恒生的最初也遇到了同样的问题。在没有成立系统之前，四位老总都是老大，在自己的团队里拥有绝对的决策权，多年带团队的经历，使她们都有自己的经验和方法，每个人都称得上资历老到。虽然是欧力嫚被推崇为老大，但真正到市场上打拼的时候，大家很难与她步调保持一致。一方面是习惯了自己的方法，对欧力墁的管理方法不能适应，也很难理解，在不能理解的基础上，也就没有认同。而不认同就没有办法真正的执行下去，所以，看起来是四个团队合成了一个系统，但实际上还是各自为政，按照自己的那一套继续做市场，并没有真正的以欧力墁为核心，形成统一的体系。

在这个时候，欧力墁采取了极为冷静的处理方式——让事实印证。她和三位老总说，既然大家不能统一，就先按照自己的方式继续做，让市场选择哪一种方法是最有效的。

事情并没有持续太久，结果就显露出来了。半年的时间，三位老总的团队和市场相继出现了问题，唯有欧力墁的团队一直稳定。其实三位老总的方法并不是不好，在一定的阶段中都曾经发挥出极大的优势。只是市场是残酷的，事实也是，形成系统之后，她们原来的方法已经不能适应新的体系了。体系下的管理，要求更加简单、直接、紧凑，目标鲜明，任何复杂的方法都会让指令不明，多走弯路。而欧力墁的方法，一直都是目标精准，简单有效的。

出现问题之后，欧力墁没有坐视不管，而是再次显示出她作为"头羊"的主动性。她和三位老总说，"我们经历了必要经历的磨合期，这是每个系统都要经历的阵痛。你们要跟我一样坚信，艰难只是暂时的，要相信我们的系统。这次改革所带给我们的一切，定是超乎你们现在所能想象的。这个艰难的关口，我希望我们一起度过，相信系统，相信我，相信你们自己，也相信未来！"

这一次，系统真正成为系统了，大家众心合一，唯欧力墁马首是瞻，真正开始体验作为一个系统所应该有的团结一致。欧力墁不负众望，与三位老总亲自奔赴一线市场，与团队成员们共同为曾经折断的武器、丢弃的城池担负重整旗鼓的责任。平复一切旧有的遗患，建立新的架构，重塑积极理念，正面而真实地培训，上下思想观念到行为模式，都达成一致统一。

就这样，中鼎恒生在欧力墁的带领下，三位老总无条件地支持配合下，渐渐走出一片灿烂繁荣。团队里自上而下，都理解了建立系统的战略核心，也更加懂得欧力墁所做的一切决定，团队的融合度和凝聚力也都得到了很大的提升。

恰巧这时，外在同行的侵略性竞争也临到了中鼎恒生。过后说起来，还要感谢这场外来的入侵，致使四位老总和所有系统的成员们，同仇敌忾，不但没有被这种竞争击倒，反而在这样的外来压力下，更增加了彼此和团队的配合。这时候，四位老总推出了"百团大战"市场策略。这真是一场漂亮的战役，使得外在的竞争完全没有任何胜算的机会，而且使整个系统业绩大增，团队上下里外，都达到一种前所未有的团结状态，士气爆棚。

四位老总经历了一年的磨合之后，终于迎来了心心相印的默契，甚至彼此一个眼神都懂得要表达什么，她们之间的默契真正让人感受到了合作的幸福。那种水乳交融的相知，都为着一个目标，一个信念，一个方向的努力奔跑，真的是一道赏心悦目的风景。

从2015年中鼎恒生系统成立，历时一年的磨合，历时一年的配合，到如今，中鼎恒生这个系统已经真正成为四位老总共同的孩子，让她们每一个人都悉心教导养护，一步步引导带领，这个孩子也日渐强大，健康帅气，充满了阳光的味道。

对中鼎恒生的建立，欧力嫚非常感恩。在她看来，这是上天赐予的难得的时机，不仅自己得以快速成长，更是收获了最好的合作伙伴和可以让更多人开花结果的系统平台。这些不是拿钱就能买到的，如果没有三位老总的联手，没有她们的信任和支持，她需要花多少心血才能走到今天这万人一心的地步呢？以后的事实证明，欧力嫚的选择和坚持都是对的，她选择了连横发展的战略思路，选择了百团大战的犀利战术，选择了无私的承担和让步，选择了凝聚众人的力量。她终于走出了个人英雄时代，打开了依靠平台让更多人成为英雄的新的篇章。

欧力墁：真正的人格魅力，来自对面对自我的诚实和永不放弃的态度

做团队之前，我没有想过自己有一天会成为万人领袖。在我的意念中，能够统领千军万马的元帅，不知拥有如何排山倒海的魅力，让人甘愿俯首追随。在我的脑海中，那都是头上飘着光环的神一样的存在，身后的故事，随便掐一段出来都是惊心动魄的传奇。直到有一天，我也站在了万人会场的舞台上，被聚光灯笼罩着，被万人瞩目着，接受潮水般的掌声和尖叫，我才发现，我并没有成为我想象中的神，我还是那个从乡下出来的，完全靠着自己一步一血印的拼搏、掏心掏肺的付出才走到今天的，简单而又真实的我，跟多年前那个在寒风中瑟瑟发抖，蹲在街边卖白菜的小女孩，本质没有不同。

这不是说我没有成长，恰恰相反，我认为，真正的成长不仅是知识上的积累和能力上的提升，而是你不断知晓自己的不足而从不放弃一点一滴的进步。这种态度必须来自对自己的诚实。这份诚实让你不会对外界的恶评反击，而只会真实地进行自我反思；这份诚实也让你不会为外界的赞誉迷惑，而时刻提醒自己到底是谁。这就是成长而不丢失本质，成功而不忘记初心。

有时候，一切选择都很简单，浓缩为一颗良心；有时候，一切选择都很复杂，需要有格局有深度高瞻远瞩深谋远虑。但不管简单还是复杂，正确的选择一定是双赢的。这双赢里面，包含着良心的奥秘：长久的利己，首先要利他；真正的利己，由利他产生。利他利己，本是一体两面，达成平衡，就是和谐。和谐才能完整，完整就是回归良心。而这一切，都是建立在一个能让人如此成长的平台之上。成功之后，我更加清晰地认识到，如果没有公司这块好土，再好的种子也无法长成参天大树；如果没有三位老总的合力，再高的大树也不能长成森林。

正因为这样，我感恩造就我的公司，也能包容一切评价。不论好的，还是不好的，都不能影响我诚实地站在自己面前。我知道自己来自底层，并无天生优势，所以我需要一个拥有优势的平台；我知道这个平台上很多优秀的人也非常努力，所以我要与她们联合，才能有更大的发展；我知道我的优势就来自于我没有"家天下"的私心，一心一意希望人人都好；我知道我的魅力来自于我不但能与人同享荣耀，更能与人共担患难，并且相信一切的艰难都是精彩的前奏，只要坚持下去，一定会成为令人肃然起敬的证明。

【超级链接】**真正决定成败的是人内心的价值观**
——学会梳理价值观

人生由无数个细微的选择决定,所以细节决定成败。但这每一个细微的选择,都是内心价值观的呈现,所以,真正决定一个人成败的,是自己内心的价值观。

每个复杂的体系,不论它是一部机器,或是一台电脑,其各部分的结构都得协调一致,相互支持,方能达成最佳的运作;如果各行其是,没多久便会停摆。人类也不例外。我们的行为若无法与内心最重要的愿望相合,那么便会在内心产生对立,成功也就遥遥无期了。如果一个人正在追求某件东西,但在内心里却与是非黑白的信念相冲突,那他就会陷于内心混乱的地步。

我们若想能改变、兴盛,就得清楚自己以及他人的法则,并同时确实知道衡量的标准。否则,我们只是个富有的乞丐。这个最终且最重要的因素,我们称之为价值观。

什么叫作价值观呢?简单地说,那就是每个人判断是非黑白的信念体系,是它引导我们追求所想要的东西。我们一切的行为,都在于实现我们的价值观,否则就会觉得人生不全,没有意义。

价值观会主宰我们的人生方式,影响我们对周遭一切的反应。价值观颇似电脑的执行系统,虽然你可以输入任何的资料,但电脑是否接受或运算,还得看执行系统是否先会设定相关的程式。价值观就是我们脑子里判定是否执行的系统。

从你所穿的衣服、所开的车子、所住的房子,到教养孩子的方式,这一切的一切都受价值观的左右。它是我们行事为人的规范,是释放我们内心神奇力量最重要的关键,我们靠它了解和判定自己以及别人的行为。

价值观是如何产生的呢？它很特别，很情绪化，是源自于你的信念，且受环境影响。当你还是个孩子时，父母就帮你孕育价值观。他们就他们的价值观立场，不断地告诉你什么该不该做，什么该不该看，什么该不该听。如果你遵照了他们的话，就会得到赞赏；如果你没听他们的话，就会遭到训斥，甚至于责罚。

事实上，你孩童时的价值观多半是透过赏罚的措施而形成的。当你渐长，周遭的玩伴成为价值观的另一来源，他们所拥有的价值观不同于你的。你可能会融合双方的价值观，或者变动自己的，因为你若不如此，其他的孩子就不跟你玩，甚至于揍你。

由于在你的一生中，不断地结交新的，你们彼此影响着对方的价值观，甚至接受新的价值观。另外你也可能有英雄崇拜的，因而模仿他们的言行。有许多大孩子之所以会沉迷于药物，就是因为对某些歌星的喜爱，因而也向那些歌星迷于药瘾看齐。个人价值观的形成不一定受名人影响，在个人工作场合，透过赏罚的制度，也会改变一个人的价值观。例如你长久服务于某家公司或常在某人指挥下工作，你的价值观便会受到影响。如果你的价值观与之有异，升迁就不容易；如果你跟公司的价值观（企业文化）不合，工作就很痛苦。在学校教书的老师们也常常因赏罚标准的不同，而影响学生的价值观。

当我们追求的目标或自我的认定改变时，价值观也会改变。譬如说，如果你决心爬上公司的高阶职位，你的工作便会改变；当你坐上那个位置，对于公司许多事情的看法也不像先前一样。自己的价值观会因目标、身份的不同而有改变。这时你开的车子，去的地方，交的朋友，做的事情，都显示你的自我认定。

对同一件事，各人的价值观不尽相同。例如一位大款开着一部小型车，并不是因为要省油，只不过是不想跟其他人一般见识；一位大富翁之所以不住豪华别墅而住不显眼的房子，也不表示吝啬而是为了不浪费空间。由此可见价值观往往是个人衡量事情的角度不同所致。

认识自己的价值观是十分重要的，然而大部分的人都不太清楚，因而常常不知道自己做某件事的目的。如果两人的价值观差异太大，就容易产生摩擦和怀疑，造成冲突。这种现象不仅发生在人与人之间，也发生在国与国之间。

国与国、人与人都会有价值观上的差异，甚至于个人本身都会有价值观上的差异，也就是说某种特质优于另一种特质的分别轻重的现象。例如对某些人而言，诚实是第二；但对另外一些人而言，友情重于一切。像后者这样的价值观，就有可能为了义气而不惜说谎。他之所以这样做，是因为在他的价值层级上，友情的重要性高于诚实。

或许在你的价值层级上，事业和家庭都同等重要，但是当你上班前答应孩子当晚要回家吃晚饭，却在下班前才知道晚上有个应酬，这时你到底去不去那个应酬，就决定于你把家庭摆在什么衡量位置。在此刻你是进退两难，鱼与熊掌不可兼得。

如果你有过这样的经验，就能体会出自己以及别人做事的动机，是出于价值层级的排列顺序。你要想了解一个人，就得知道他的价值层级，否则你不可能知道他行为的动机。

同样地，你若能了解自己的价值层级，日后做人处事便不会有内心不安或冲突的现象。任何的成功若不能与最基本的价值观相合，便不能持久。例如某人虽领高薪，但他知道这种钱来路不正，因而终日惴惴不安，像这种情形你就别指望他能有心好好工作。

另外像一个人极注重与家人的团聚，如果他那份工作得经常加班，他也不会干得很快乐，因为工作的现况与他的价值观有冲突。我们的行为一定得配合自己的价值观，否则就算是拥有万贯家财，也不会感到快乐。

这里并不是评论价值观的对错问题，但是希望你能够明了，你的价值观必须能帮助你、鼓舞你、引导你。价值观乃是一个统称，是你把所有外界事物，不论有形无形，在心目中主观排定的价值先后顺序。不过多数人并不知道自己这些价值的先后顺序（价值层级），即使有也是十分模糊。

那么，你需要知道的是，能分别这些价值层级是万分重要的，它能决定你

第四章　不言败的团队

为人处事会不会有内心的冲突，也会决定你对别人的帮助，是否能得到感谢。

要想了解价值层级的第一步，就是看看它包含那些价值要项。

请问你得如何找出自己或别人的价值层级呢？通常我们在工作中、交友上都有不同的价值层级，要想找出别人交友的价值层级，你得如此问："对于交友，你认为什么最重要？"

他可能会说："得能随时帮助我。"你再问："为什么随时帮助重要呢？"他可能会说："这样才能表达出他关心我。""为什么表达出他的关心是重要的呢？""因为这样我才会快乐。"就像这样问下去，你最后便会得出一张价值层级要件表。

接下来你得用比较的方式，来决定这些价值要件的先后顺序。你可以这么问："对方的帮助跟你觉得快乐，你认为那一个比较重要？"如果答案是："快乐的感觉。"那么这表示它在这个层级中排在较上面。

接着你再问："被关心的感觉和快乐的感觉，你认为那一个比较重要？"如果他回答:"快乐的感觉。"那么很明显地,快乐是这三种价值要件中最重要的。

现在你再问："被关心和得到帮助，你认为那一个比较重要呢？"他这时回答："关心比较重要。"由他的答案里，你可以知道关心是排名第二，次于快乐但优于帮助。

像这样于逐项比较，你便能知道对方价值要件的相对顺序。像前面的例子，对方即使没有得到随时帮助也不在意，可是在另外一人，若是他把帮助的顺序摆在关心之前的话，要是他得不到帮助就不会觉得对方关心他，甚至可能因此绝交。

你也可以去建立工作的价值层级。例如你可以问自己："我认为工作最重要的是什么？"你可能会说是创造力。接下来你问:"为什么创造力重要呢？""因为有创造力我才觉得有成长。""为什么成长重要呢？"像这样问下去，你就可以列出价值层级要件。

依照建立价值层级的方法，你可以找出许多人生在各方面的层级来，往往你会对某些价值要件竟列在前面而大为惊讶。也就由于你专注地留意自己的价值层级，所以才会理解出做某些事的动机。知道自己心目中最重要的一些价值要件是很要紧的，这样你才能集中心力于所追求的。

整理出价值层级还不够，因为人们在谈论价值要件时，虽然是同样的用字，但不表示就是相同的意义。如果你真的关切双方的价值层级，那么就得花点精神问清楚这个用字的真正意思。

就以"关心"这个价值要件而言，你可以这么问："要怎么做你才有被关心的感觉？""是什么使你关心那个人呢？""你如何知道别人不关心你呢？"像这样来问，才能对"关心"做到最精确的定义。这个过程做来并不容易，但是你若能用点心，你会对自己认识更多，你会知道自己真正的愿望，心愿达成时你也会确实知道。当然你不可能找出每一位的价值层级，但是像跟自己有密切关系的另一半或孩子，你得确实知道他们的想法。至于其他周遭的人则无须如此深入，只要注意某些重点即可。

当你跟别人交往时，双方都对对方有个期望，都根据对方的行为和言语来评断对方的为人。如果你能知道对方的价值观，双方就容易达成一致，而你也就可以预先知道对方的行为和真正的需要。在平常的谈话里，如果你能仔细地倾听别人话里的用字，看看他反复用哪些字；你便能很容易地找出他所重视的价值要件，日后便能针对他这方面的需求，给予适当的鼓舞和激励。

能测知员工的价值要件，是企业者不可忽视的问题。所有员工对自己的工作都有个最高的期望（价值要件），有些人可能是钱，有些人可能是创造力，有些人可能是挑战，有些人可能就是安稳。如果企业能他们，他们便会长久工作下去，否则便会离去。

对于公司的而言，知道员工在工作上的价值层级是绝对必要的。一开始你得这么问："你选择公司的主要条件为何？"假设这位员工回答说："富有创造力的环境。"然后你就根据这一要件续问下去，以得到价值层级。接下来你改变问话的方向，问他如果上述的价值要件都存在的话，他会离去的主要价值要件为何。

假设他说："欠缺信任。"你再接着问道："就算真的欠缺信任，怎样才能留得住你？"这时可能有些人会说绝不考虑留下来，那么这"信任"就是那些人继续干的最重要价值要件。

有些人可能会说只要还能有升迁机会，那就可以干下去，这时你就得继续问下去，直到问出他非离去的价值要件为止。像这些最重要的价值要件就有点像超级的心锚，会强烈地牵动当事人的情绪。

另外还有一件事你得特别留意，就是这些价值要件得明确定义。例如"信任"在某甲的心目中可能是不怀疑他的决策，"欠缺信任"在某乙的心目中可能是把他调职而不做任何解释。唯有像这样能确实明了这些价值要件，才能预先在各种情况下知道如何来处理员工问题。

有些人认为只要给了员工满意的薪水，员工就会做事。这个看法不能说错，但是各人看重的价值要件各不相同。有些人认为跟自己的人一起工作最重要，当那些人一调走，他就失去兴趣工作。对另一些人而言，他心目中的好工作是能发挥创造力和具有挑战性。

如果管理者想胜任自己的工作，就得知道员工的工作价值观并满足他们。如果无法提供这种满足，就很容易失去员工。即使没有失去，那些员工也不会踏实工作。

要做好了解员工的工作价值观，是不是很耗时间并需要敏锐的观察力呢？当然，不过这些付出是值得的。价值观对个人情绪有很大的影响力，如果你只知从自己的观点去处事，可能会受到员工的抵制和排斥；相反地你若能填平你们之间工作价值观的鸿沟，便能和员工们相处愉快。在我们的人生中，价值观是否与别人相同并不要紧，要紧的是我们能不能重视别人的价值观，使他们感受到价值观被尊重。

若你和我都把"自由"视为是价值层级中最重要的话，这时我们就有可能产生契合，意见一致。不过事情可没那么简单，因为我心目中的自由是指随心所欲的自由，而你心目中的自由可能是指不受打扰的自由。对于其他人而言，自由可能指的是政治上所规定的。

由于价值观具有首要的特性，所以它对人的情绪具有超乎常理的影响力，它能把众人凝聚在一块儿，这是其他一切所办不到的。历史上常有以寡击众的例子，这全是价值观之功。如果价值观能发挥如此大的力量，如果我们能确实找出跟我们有关之人的价值层级，就能做出以前所办不到的事来。

共同的价值观是形成共识的基础。如果两个人的价值观完全相同，他们的关系便能持久；如果他们的价值观完全不同，别说关系维持不久，可能连关系都不会有。

不过任何的关系都不会落在两个极端上，所以你仍有两件事可为。第一，从两人的价值观中找出共同点，然后用来帮助化解彼此之间的差异。第二，竭尽个人所能帮助对方实现最大的愿望。如果你能做到这两点，那么在自己的生活和工作中，便能建立互助且持久的关系。

价值观是决定一个人是否虚伪、能否被鼓舞的重要因素。如果你能知道对方的价值观，你就可以掌握他一切行为的动向。价值观是最终的裁决者，决定哪种事该做，哪种事不该做。

价值观对每个人而言都有不同的意义，因而为实现它们所采取的措施也不尽相同。当你在设定追求的目标时，同时也应该建立一套验证程序，可以帮助你知道自己在追求目标的过程里，是否方向有偏，是否确实到达终点。这个验证程序不是一成不变的，你握有变动之权，只要它的确能帮你前进，你可以不时地修正。

有时候价值观在不知不觉中改变得非常之快，使得我们原先建立的验证程序，不是显得不当便是过时。我们之中有许多人做事时只盯着目标，盯着那在自己心目中代表无上价值的东西，结果等到达成那个目标后，才发现对他毫无意义。这其中的原因就在于他的价值观早就变了，但是他的验证程序并未能随之而变。

有时候人们有验证程序，但是与他的价值观完全不合，因而虽知道自己追求的目标,却不知道动机。所以当他们追到手之后,才发现那只是一场幻梦,是随波逐流的结果。在此提醒大家,要不时地注意自己价值观的改变,不断地检讨那些价值观能不能助你过个快乐、丰富的人生。

在这里还是要强调一下弹性的重要。我们在前面说过,唯有最具弹性的系统,才有最大的选择,也才最有效。如果欠缺弹性,你可能会排除掉许多能有助于你达成目标的人事物,而失败就不可避免了。

要想了解和鼓舞自己以及他人,最有效的办法便是把价值观和性格模式结合起来。因为价值观能决定我们想法和看法,而性格模式会影响我们的认知和做法。如果你能使这两样功能搭配得当,就能够发展出最能鼓舞人心的模式来。

当一个人有明确的价值观,他便能发挥出爆炸性的力量。在过去你的价值观都是受潜意识的支配,现在你已具有能力去了解它,并且能把它引向积极的方向。

在此有一点对我们每一位都很重要,那就是价值观是会改变的,而人也会变,世上唯一不改变的人,是埋在地底下的人。我们每一位都得跟着时代的潮流,抓住社会的脉动,不断地前进。如果一味地固执己意,不迎向时代的变革,将难以立身于世。

我们无时无地不在模仿他人,而我们的孩子、部属、同事也从各种角度来模仿我们。如果我们要成为值得他们模仿的对象,那么我们就得具备强而有力的价值观和表里一致的行为。

固然模仿别人的行为是十分要紧的,但效法他人的价值观却更重要。向那些伟人们去学习,向那些成功者去学习,撷取那些能令人生丰富的价值要件,引导你走向成功。

第5节　凝聚的力量

2016年3月10日,中鼎恒生周年大秀在湖南跨界上演,几千人的现场荧光棒挥舞,欢呼声不断,台上名模穿着著名设计师的时装作品,给大家带来一场创意与梦想交织的视觉盛宴。模特们展示完所有的作品,伫立舞台的两旁,音乐一变,中鼎恒生的四位老总,从幕后走向前台。第一位是扶爱潆,她优雅端庄,有种与生俱来的高贵,犹如静放的白莲,缓缓走上前台。第二位是刘煊源,她随意披着外套,气质潇洒,步履生风,英气逼人,一副大将风范。第三位是盛馨冉,她怀抱着自己的小孩,脸上是妈妈特有的笑容,幸福得闪闪发光。最后一位上台的是欧力嫚,她身披白色曳地披风,亭亭玉立,款款而来,犹如女王驾临,气场强大,冲击全场,她颔首微笑,挥手致意,引发尖叫无数,掌声迭起。

第四章 不言败的团队

这场跨界融合的时装秀在美容领域还是首次,这说明以产品服务为核心的行业开始超越行业局限,进入综合打造信息整合升级的时尚平台时代。当媒体现场报道的视频通过互联网以及各种传播平台扩散出去之后,在行业内引起了极大的反响,有质疑和不解的争议,也有人不置可否,更多的则是羡慕的赞叹声。因为在这个行业中,还没有人有胆魄做出这样的选择,在自己事业有成之后,通过跨界方式打造更具品牌效应的时尚平台,为自己的销售团队提供如此实力雄厚的信息后盾和宣传支持,这份大爱的格局和长远的眼光,令同行业精英们刮目相看,也让中鼎恒生的四位老总一时间成为关注热点。

与合作伙伴并肩站在舞台上的欧力嫚,心情久久难以平复。经历过很多大场面的她,在聚光灯下、媒体话筒前、名牌记者面对面的直播间,她都没有此刻如此激动的心情。这是她与自己的合作者一手建造的跨界时尚产业的起点,走到这一天,拥有这样的场面,虽然是经历了无数次的斟酌才做出的决定,真的变成现实的时候,依然有种始料不及的梦幻感。以这个行业来看,欧力嫚已经登上了事业的顶峰,但梦想成真的感觉,却在这一刻姗姗来迟。

面对几千人的团队,欧力嫚感慨万千,从一个人,到现在的几千人,历经16年的成长速度不算慢。从美容院开始的创业起步,到代理商的事业巅峰,从传统店面经营,到团队整合发展,从基层的业务销售,到公司的全面管理,欧力嫚的事业线是一路扬升,未经历过大起大落的波折,虽然她并没有成为企业名流、财阀巨富,但她一直觉得自己活得非常精彩。这份精彩来自内心的充实,来自阳光的心态,不是赚钱多少的问题,而是真正帮助别人创造价值。已达成财务自由的欧力嫚,人生真正的方向对准的是帮助更多人完成创业的梦想,达成财务自由,练就拥有幸福的能力。

没有经历过失败,并不等于没有经历过艰难。在任何事业成就的过程中,都会面临一个又一个必要越过的挑战。都说美容行业是赚钱容易的行业,但欧力嫚从来不宣扬轻松赚钱、为赚钱而赚钱的理念。在她看来,选择一份事业不是仅仅凭着赚钱这一项考量,即便赚钱是事业选择的首要条件。但是,热爱、团队、发展，这些因素也不可或缺。不管做怎样的经营，问心无愧是最重要的底线。对自己服务的客户，不能做到一辈子面对的坦然，再赚钱也只能放弃。

好在欧力墁选择的这份事业，完全满足她内心的基准。作为已经在传统行业赚够了养家资本的她，寻求自身更大的价值的方式是帮助更多的人改变贫穷的命运。也许从小受尽屈辱的经历，在她潜意识里刻印了一股强烈的需求，欧力墁渴望过上真正有尊严的人生，能被人尊重、收获感恩。人的价值源自创造价值，被人需要。欧力墁觉得这样的人生才是一个人真正的价值体现。如何能拥有这样的人生？内心单纯的欧力墁，并没有想得过于复杂——尽心尽力帮助他人实现他们的梦想吧，从帮助他们达成财务自由开始，至少帮助一千人过上财务自由的生活！欧力墁在内心暗暗许愿——这就是欧力墁的新方向，大目标。

欧力墁是在最短的时间里构建了一个庞大的团队，成为行业的奇迹，她是众人竞相谈论的传奇。很多人想了解她发展得如此迅速的奥秘，她每次应邀分享从不隐瞒自己的秘诀。这秘诀有两点：一是选择一个正确的平台是成功的首要条件；二是永远站在客户的角度想问题。

当初选择这家公司，欧力墁的确是下了很大的功夫去考察，是深思熟虑的决定。这家公司也造就很多人的成功，这说明，好种子只有落在好的土壤里才能长成参天大树。所以，欧力墁说：离开公司的平台，没有公司给予的支持和帮助，就没有我欧力墁今天的成功。平台为大，再有本事的人如果没有好的平台，是不可能成功的。所以，不要片面放大一个人的能力，更不要盲目模仿，而是先要找到能让人能力快速成长的平台。

欧力墁觉得自己一生中做得最对的事，就是选择了这家公司。之所以她在事业上能行走顺利，离不开公司对她一路的鼎力支持。在她还不能熟练使用普通话的时候，是公司没有放弃她，反而给她极大的讲台、更多的机会，促使她加速蜕变，从一个方言业务员转型为能够带领团队、亲自培训的领头者；在她为了寻求团队发展而进行团队重组变革的时候，是公司帮助她打开眼界和格局，引导她重新梳理业务关系，鼓励她做出责任的承诺，稳定了她团队领导人地位，进一步建立了她在客户中的诚信体系；在她团队发展做大之后，公司再一次给予她无限的信任和荣誉，把她确立为南方第一家分公司的掌舵人——这就是中鼎恒生诞生的原因。

吃水不忘挖井人，欧力嫚从来都知道，自己拥有今天这一切的源头是什么。没有公司这个平台，再强大的欧力嫚也不会有现在这样的成功。这个认知让她不管经历多少鲜花和掌声，被多少光环围绕，都能保持谦卑和清醒，不会忘记感恩和回馈。

站在客户的角度想问题，不算什么秘诀，这道理很多人知道，只是知道不等于做到。欧力嫚说，清心正念最难，这却是做到的前提。对赚钱曾经一度执着的她，在进入代理商行业的时候，还没有了解奖金制度就开始下市场了。可以说，对于自己做到什么程度能赚多少，她内心只有一个大概的认知，知道这个行业能赚钱，越耕耘，越收获。她关注的并不是能赚多少，她更关注的是怎么去赚。也许是本性使然，也许是她眼光深远，她很早就明白把这份事业做大，眼睛不要盯在赚钱上，而是要盯在助人上。

任何团队都是从一个人开始的，欧力嫚将目标客户锁定为美容院。因她自己是做美容院出身，非常清楚美容院老板们所面临的困境，她真心觉得自己可以帮助她们解决难题，走出困境。这不是她臆造出来的信念，而是她结合自己亲身经历，在项目合作中找出的完美解决方案。她曾经为此兴奋得睡不着，她知道做美容院的不易，如果真的能够帮助她们解决困难，少走弯路，多多赚钱，这是多么令人欢欣鼓舞的事啊！

真的做起来可没那么容易！人和人之间最难建立的就是信任的关系，尤其在业务合作之间。在让别人对你的项目认真了解之前，首先需要突破的就是这一关。"一定要让他们看我的诚意，一定要让他们感受到我的真心！"欧力嫚每次走向市场的时候，都无数遍默念这两句话。因为这是突破信任关的心法，有了心法，方法就随机应变，信手拈来了。欧力嫚为了让客户信任，能做的都做了，生活上的关心、私事上的尽力、生意上更是全心全意的关照。她为了取得客户的信任，可以把自己的身份证、手机都压在那里。每个美容院客户，她都要站在她们的角度立场，为她们分析利润、策划销售，天天想着的就是如何帮助她减少开支，如何帮助她们解决实际问题。一个人的语言能欺骗人，但真心不能。欧力嫚这份全心全意为客户服务的心，强大到可以改变一个陌生人毫无信任的磁场，所以，欧力嫚的成交率很高，高到让公司的其他销售人员惊讶。尤其她面向的美容院客户，其实是最难搞定的客户，但她几乎谈一个成一个，真是不可思议。

"不要让你的承诺变成口号，而要把客户的信任当成责任。"欧力嫚的销售信条向来朴实，朴实到踏踏实实成为实际的行动。她从不关心一个客户进来之后，自己可以赚到多少，而且客户进来那一天，她就在自己的责任本子上记下他的名字。你投之我以信任，我还之你以责任。人和人之间的沟通不用语言而用真心就会变得容易，欧力嫚的真心是她能够这样快速取得成功的根源性答案。

人说心念总能感召同频的人，欧力嫚的团队，绝对打着欧力嫚的烙印。就如走到一起紧密合作、建立更高业务平台的另外三位老总，都有自己精彩的人生故事，但彼此的吸引和信任把她们连接在一起，去成就更大的使命。这难道不是因为她们身上有着共同的东西吗？这东西并不神秘，却是一切相连的基础，不管是事业合伙人还是人生伴侣，如果不具备这个基础，难免出问题，或貌合神离，或走向分裂。这个东西就是——价值观。

价值观是志同道合的基础。一个人个性、任性、随性都不是问题，价值观不一致才是问题。中鼎恒生体系中的四位老总，优势不同，性情各异，能与欧力嫚走到一起，是天赐缘分，是欧力嫚的人格魅力，也是彼此惺惺相惜的真心选择。

中鼎恒生四位老总当中的教育总裁盛馨冉盛总，本来只是欧力嫚朋友的朋友，年龄很小，但很有梦想和志向,她开始创业的时候因为各方面不足非常艰难。因为她没有什么学历，很多人也不看好她。但欧力嫚却非常欣赏这个年轻女孩，欣赏她敢打敢拼又肯吃苦的精神。所以，在盛馨冉创业初期最艰难的阶段，欧力嫚一直全力以赴地帮助她，像带自己的孩子一样亲手带她，直到把她带上路，也拥有了自己的管理团队，拥有了上千万的业绩。盛馨冉也是个眼光独到的人，她敬重欧力嫚的为人，钦佩她的能力，更感恩欧力嫚在自己创业最艰难的时候伸出的友谊之手。所以，欧力嫚有需要支持的事，她也是无条件鼎力支持，并且经常请欧力嫚来给自己的团队演讲，分享经验，团队提升凝聚力。欧力嫚每次过来帮忙，也如同对待自己团队成员一样对待盛馨冉团队的业务人员，竭尽全力地去帮助他们。所以，盛馨冉感觉跟着欧力嫚一起做事很放心，当欧力嫚筹划成立中鼎恒生的时候，她自告奋勇要与欧力嫚合作，共同打造新的事业平台，并将自己的事业与欧力嫚的事业作为一个整体来规划未来，创造更广阔的天地。

再说刘总，运营总裁刘煊源曾经是欧力嫚的代理商，欧力嫚的美容院是她的加盟店，两人合作已有七八年的时间，关系非常融洽。欧力嫚一直是刘煊源的大客户，一直很认可刘煊源公司的服务质量和业务能力。最初欧力嫚把自己的项目介绍给刘煊源的时候，刘煊源并不想做，但又不想得罪欧力嫚这个大客户，就敷衍她，表面上答应加盟，却一直不真心想做。欧力嫚知道她没有搞明白，以这个项目的发展趋势，刘煊源现有的渠道引进这个项目后，只是多一个品牌，对她没有负担；但是如果她不做，她那些已有的加盟店资源就会被别人占领，因为这是一个抢渠道就等于抢钱的时代，各路品牌厂家都在不择手段地占领各种销售渠道。

所以，欧力嫚出于为刘煊源的负责之心，几乎天天给她电话。后来刘煊源承认：当初自己是品牌代理商，而欧力嫚只是自己合作美容院的老板，觉得在代理商方面自己才是内行，怎么可能和一个美容院老板合作代理品牌呢？其实欧力嫚难道看不出来刘煊源的真实想法吗？但是她内心并不会因此感觉有压力，而是更加确定一定要让刘煊源明白这个产品项目的优势，绝不能让她蒙受这种亏损。所以，欧力嫚非常努力帮她谈客户，甚至在刘煊源的公司招商会上，直接帮她签了10个美容院订单。一开始刘煊源因为不了解情况，还以为欧力墁在挖她的墙脚，没想到招商会结束后，欧力墁直接找到刘煊源把现场签署的订单放在她面前，真诚地告诉她：如果她不做，别人也会做，但是别人做了，跟她就毫无业绩关系了。刘煊源终于明白了，非常感动欧力墁如此为她考虑，开始认真了解项目，试用产品，觉得真是一个好项目，于是下定决心跟欧力墁一起做。但是决定之后，家里便一直有事，基本顾不上这个项目的推广。欧力墁就一直帮助她打理一切，从业务招聘到美容院培训，方方面面，照顾周全，从未停歇；直到把项目团队稳定下来，业绩也开始飙升了。这让刘总团队所有人都看到，这真是一份助人利己的事业，因为欧力墁已经用自己的行动证明了这点。所以，刘煊源之所以能够决定在事业上与欧力墁不离不弃，是因为共同经历了很多合作项目。以至于到最后，彼此的合作可以超越项目本身，直接因为对人的信任而选择合作。和欧力墁这样的人合作，不管做什么，都不用担心被算计、被欺骗。找到一个好的项目并不难，难的是找到一个好的项目合作者，一个真正拥有双赢心态的事业合伙人价值千金。

而市场总裁扶爱潆扶总，是行业内资深人士，曾经任职某代理商的市场总监，对行业形势非常熟悉，对各种商业模式、运营策略了如指掌，谈起行业资讯，如数家珍。她本是欧力墁地方团队的加盟店带进来的，初见欧力墁的时候，就很有业内先辈的派头，直截了当地对欧力墁说："你不用给我说别的，我了解很多运营模式，参加过很多产品项目说明会，参与过很多项目和产品的商业运作，而且我专门给人做过培训，所以，你直接给我讲项目优势，讲怎样赚钱好了。"当时的欧力墁，对项目优势虽然很了解，但怕自己表达不好，影响扶爱潆的理解，特意请了公司资深项目顾问来讲，但还没讲完，扶爱潆就嫌麻烦了，直接拉起带她来的美容院老板去吃饭，完全没把这项目放在心上。后来，扶爱潆开始使用产品，效果非常明显，以至于身边的人都在问她，这么好的产品怎么不做代理？这才打动了她的心，她再次给欧力墁打电话，开始正式考察。这成了她们彼此结缘的开始，之后在共事的过程中，两人随着不断接触，加深了彼此的了解，越发相亲相近，彼此吸引,欧力墁对扶爱潆的专业能力和付出精神十分欣赏，扶爱潆对欧力墡的领袖魅力与大爱格局也非常钦佩,两人共同经历了很多过关斩将的故事,一直不离不弃走到了如此辉煌的今天。

欧力墡骨子里一直有种磐石般的自信,她说出的话,让人感到从未有过的安全。她常说的话,都那么实在:"我创业以来,没失败过,从来没有选择错过,相信我,跟我干吧!""你敢加盟吗?你敢加盟我就敢对你负责到底!"团队就是靠着她这样掷地有声的承诺建立起来的,而她的确说到做到。凡是成为她团队里的一员,她不管对方是什么情况,属于哪个分部,能力如何,前途如何,都会掏心掏肺地去帮助他们。给他们鼓励、给他们支持、帮他们成长,为他们喝彩。她对成员不离不弃、负责到底的精神整个团队有目共睹,没有一个人掉队,没有一个人是她主动放弃,即使对方主动放弃,她也会尽力挽回。所以欧力墡在自己事业已经达到巅峰、此生再无财务上的后顾之忧之后,并没有安享其成,反而投入更大的资金,确立集团公司的架构,建立更广阔的平台,完善整个服务系统,帮助市场发展,为团队所有梦想更大的成员效力,让更多的人发挥自己的优势站在成功的舞台上。她的这种大爱精神深深得到这三位老总的认同,并毫不犹豫地站在她身边鼎力支持她。事实证明,这四位老总果然是有眼力有格局的,平台建立之后,她们向更深的业务领域拓展,同时涉足文化、娱乐、传播领域,在产品销售的平台上有了更高的飞跃,服务体系全面升级,梦想版图更加辽阔。志同道合的四位老总在共同的合作中,建立了彼此深度的欣赏、深厚的情谊,并且通过深度的磨合产生了深远的默契。她们融合各自的长处,所有的力量,形成一个更大的团队,她们是一家人,有着共同的人生观和价值观,有着共同的梦想和不断向上的精神,更有着共同的心愿——帮助更多的团队合作者一起走向成功!

欧力墁：坚定在左，妥协在右，方能成就一个团队的力量

　　从一个普通话都不会说、被人瞧不起的小业务，成长为千人团队的领袖，很多人都想从我这里找到成功的答案。其实，走到今天之前，我和你们一样，对成功并没有一个清晰的概念。很多事情，都是边做边明白；人生没有彩排，谁都是边走边成长。事后总结，才会发现自己身上所有的那一点点的闪光之处，往往就是取得结果的最关键的元素。比如我从小经受的屈辱磨难所养成的自强和吃苦的能力，比如我简单直接的性格以及遵从内心的真实，所带来的真诚和舍得付出的精神。比如，我有幸选择了一家对我的成长与成功有着莫大帮助的公司。

　　再大的团队，都是从一个人开始；再辉煌的现在，都是一步一个脚印的过往堆积而成。在我的经历中，我没有发现成功之后和刚开始起步的时候，本质上有何不同。不过作为一个团队的带领者，我从来不想变成唯一的偶像，也不是谁的女神。这个时代注定没有个人英雄，即使站在舞台上那一刻，我光芒万丈。但这个舞台并非为我而设，你也可以站在这里，成为万人瞩目的英雄。

　　这就是团队。真正的团队是每一个团队成员魅力展示的舞台、分享精彩的讲台、收取财富的前台、共同成长的平台。完美的团队不会出现个人英雄，但会有灵魂人物，灵魂人物是舍得付出自己把一腔心血浇灌团队成长的人，化为春泥更护花，这就是团队的领袖。

　　我只是团队里水一样的存在，大多数时间是无形的包容，少数时间是果断的坚持。在团队伙伴们灰心迷茫的时候，我给他们信心和方向，如坚冰一般可靠的后盾；在团队伙伴们张扬自我、需要舞台的时候，我给他们尽情展示的机会；在团队伙伴们因看不懂而顽梗的时候，我以爱心忍耐等待并实际地帮助他们受益。作为一个带领者，对事业在目标上要坚定，越坚定越赢得信任；对团队伙伴在利益上要妥协，越妥协越赢得尊重。这就是我的成功带领团队的答案。

第四章　不言败的团队

【超级链接】 心态决定未来，成为领袖只是一个选择

有句话说："不想当元帅的士兵不是好士兵。"人生定位往往决定了一个人的人生轨迹。领袖未必都是天生的，小兵也不是不可改变的宿命，机会永远属于那些心有梦想，对自己的人生更有远见和规划的人。在事业领域中，到底是成为团队领袖还是默默做一名小兵，并没有标准答案，全在乎你的选择，但是，一旦选择定位，你一定要清楚的就是这两种定位必须所持有的不同心态。

其实人与人之间并没有多大的区别，关键的区别就是做人的心态不同。心有宽度决定未来的广度，你的心有多大，成就就有多大。积极正面的思维和乐观向上的心态是领袖必备的基本素质，遇事绕行凡事否定，一切都先看到负面的人，注定只能一生劳苦却碌碌无为。在角色定位上，心态是一切的开始，也是一切的结束。如果你想成为团队的领袖，你必须要修炼的是以下8种心态。

心态一：学习心态——领袖的思想基础

学习是给自己补充能量，先有输入，才能输出。尤其在知识经济时代，知识更新的周期越来越短，过时的知识等于废料，只有不断地学习，才能不断摄取能量，才能适应社会的发展。同时，都知道思想决定行动，行动决定习惯，习惯决定命运。如果要改变命运，就必须先改变思想。那如何改变思想呢？唯一的办法就是学习！学习才能更新思想，才能与时俱进。

学习要有空杯的心态，把原来做其他行业或工作惯有的思维和方法暂时放一放，重新学习新的知识。何谓空杯心态？有二个杯子，一个是空的，一个是

半杯水。当分别向这二个杯子里倒水的时候，是不是空的杯子倒得更多呢？人在学习的过程也一样，一定要把以前的经验放下，才会学得更多，收获更多。

学习了就用得上，很多人很好学，在学习完后，总是很感叹，但是感叹完了，他的学习也就到此为止了，并没有用所学到的知识来指导行动，还是以以前的旧思维旧方式来做事。学习的目的是提升灵性品质，提升技能技巧，目的是要运用和创新。学以致用，需要坚持，坚持用新学到的东西来指导我们的行动，并让这新的行动成为我们的习惯，久而久之，就会改变我们的习惯和命运！

孔子说："学而时习之，不亦乐乎。""时习"就是时刻都去做，让学习成为一种习惯，让思考成为一种习惯，让坚持成为一种习惯，让改变成为一种习惯。

有一个良好的心态，人就已经成功了一半。对待学习也是这样，有了良好的心态，才会认真学习，才能坚持学习。反之，则很可能学得一知半解，甚至半途而废。良好心态的前提是正确理解学习的重要性，正确的理解学习和发展之间的因果关系。必须不断地学习，只有这样才能有良好的学习心态，树立不断学习，终身学习的理念。

学习贯穿于人生的全过程，无论你处于什么环境之下，也无论你已经是什么年龄，更无论你现在是从事什么职业什么岗位，同时，也不论你已经掌握了多少知识与技能，学习对于任何人来说，永远都只是开始，而绝不会是结束。学习是永远都不会迟的。学习是一生的事情，只要我们愿意，可以在人生的任何阶段投入学习。

心态二：积极心态 ——领袖的共同性格

心态决定一个人对事物的看法。要保持乐观的心态，首先就要相信自己！所谓相信自己，就是要看到自己的长处，并得以充分发挥。相信自己的秘诀是相信自己是独一无二的。别人擅长的对你来说也许是困难的，但你拥有的别人也许终生都得不到。只要找出自己的优势，挖掘自身的潜力，在现有的基础上进步，我们就会逐步树立起信心，并不断走向成功。

保持乐观的心态，需要我们遇事多从事物好的方面考虑，始终怀有这样一种信念："我行，我一定行。"当我们历尽艰难，获得胜利时，回头看看，原来它并不可怕，并不是不可征服的。我们之所以没有取得成功，很大一部分是因为消极的心态在作祟，在开始行动以前，我们无限放大我们的困境，而看不到自身的优势及机会所在，往往是自己先行打败了自己。拥有积极心态的人，必定是一个阳光的人，热爱生活的人。拥有了积极心态，也就拥有了快乐人生。

成功者始终以积极的思考、乐观的心态去支配和控制自己的人生，面对挫折，泰然处之。成功属于准备好的人，属于脚步不停的人、坚持的人，更属于脚步飞快的、乐观的人。养成乐观的习惯告诉自己：世界上只有一个独一无二的我，我一定会成功！马上行动，赶紧去做！

乐观的人在危机中看到的是希望，悲观的人看到的是绝望。乐观的心态能把坏的事情变好，悲观的心态会把好的事情变坏。例如：两个人从窗子里往外看，一个人看到地上的泥土，一个人看到天上的星星，乐观的心态会促使你从问题里找机会，悲观的心态会让你从机会中找问题。当今时代是悟性的赛跑，积极的心态像太阳，照到哪里哪里亮，消极的心态像月亮，初一十五不一样。不是没有阳光，而是因为你总低着头；不是没有绿洲，而是因为你心中有一片沙漠。成功吸引成功，迷宫吸引迷宫；近朱者赤近墨者黑！华尔街有句致富格言：要想致富就必须远离蠢材至少50米以外。

乐观是一个选择：忧愁地过一天，不如快乐地过一天。乐观也是一种思维方式：面对桌上的半杯水，心态不同的人有不同的看法，悲观心态的人认为"我只有半杯水了！"不去努力，整天对着这半杯水唉声叹气，结果这半杯水经过长时间蒸发，最终化为乌有，他收获的只有失望与无奈。而怀有积极心态的人会说："哇！我还有半杯水！"于是靠这半杯水努力寻找新的水源，他最终获得了成功的喜悦。

事实上，一个人快乐与否，都是取决于自己的心态，当你以乐观心态去看待这个世界的时候，你会发现世界上的一切都是那么美好，而自己又是多么的幸福；当你以悲观的心态活着的时候，你会发现这个世界也是灰色的，没有任何色彩。

人人都愿意处于欢乐和幸福之中。然而，生活是错综复杂、千变万化的，并且经常发生祸不单行的事。生气、苦闷和悲哀的人健康必然会受到影响，甚至减损寿命。那么，遇到心情不快时，如何保持一份好心情呢？例如，一个人在烦恼的时候，可以多回忆愉快的时候，还可以用微笑来激励自己。当然，笑要真笑，要尽量多想快乐的事情。一项心理研究显示，一个病人带着乐观的表情高声朗读励志方面的故事后，情绪会大为改善而且病痛也相应减轻。所以良好的心情对健康的积极作用是任何药物都无法代替的；相反，恶劣的心情对健康的危害则犹如任何病原体。

我们改变不了环境，但可以改变自己；改变不了过去，但可以改变现在；改变不了事实，但可以改变态度；不能控制他人，但可以把握自己；不能左右天气，但可以改变心情；不能预知明天，但你可以利用今天；不能改变容颜，但可以展现笑容；不能决定生命的长度，但可以控制它的宽度。不求事事顺心，但一定要有乐观的心态。有了这样的心态，结果就会随之而变！

【小贴士】在困境中如何保持乐观？

1. 转移情绪。人生的道路崎岖不平，坎坎坷坷，难免有挫折和失误，也少不了烦恼和苦闷。此时此刻，应迅速把注意力转移到别的方面去，不去想这个事情。

2. 向人倾诉。心情不快可以向朋友倾诉，这就需要先学会广交朋友。如果经常防范着别人的"侵害"而不交朋友，也就无愉快可谈。没有朋友的话，不仅遇到任何困难无人相助，也无法找到可以一吐为快的对象。把心中的苦处给知心人讲，并能得到安慰甚至给我出谋划策，我的心情自然会像打开了一扇门一样明朗。

3. 宽以待人。人与人之间总免不了有这样或那样的矛盾产生，朋友之间也难免有争吵、有纠葛。只要不是大的原则问题，应该与人为善，宽大为怀。绝不能有理不让人，无理争三分，更不要为一些鸡毛蒜皮的小事争得脸红脖子粗，甚至拳脚相加，伤了和气。应该有那种"何事纷争一角墙，让他几尺也无妨，长城万里今犹在，不见当年秦始皇"的博大胸怀和高风亮节。

4. 憧憬未来。追求美好的未来是人的天性，也是人类生存和社会进步的动力。只有经常憧憬美好的未来，才能始终保持奋发进取的精神状态。不管命运把自己抛向何方，都应该泰然处之。不管现实如何残酷，都应该始终相信困难即将克服，曙光就在眼前，相信未来会更加美好。

心态三：付出心态 ——领袖的魅力源泉

什么叫舍得？"舍"就是付出，"得"就是回报。"舍得"一词字面意思是矛盾的，可在我们中国的汉语里却有更深的含义。万事皆有因果，人人头上有三尺天，一个睿智的人一定要知道舍的本身就是得的道理。俗话说：小舍小得，大舍大得，不舍不得，可见舍与得是有一定的因果关系。"舍"就是付出，付出是一种美德，付出是体现你有价值，付出也是一分收获。付出是会有回报的，但条件是我们必须先付出。

一分耕耘一分收获，一份付出一份回报，这个世界是公平的，当你不问回报地付出的时候奇迹往往就发生了。在我们日常生活当中，有很多人不愿意付出，处处担心自己吃亏，那这样的人他也得不到任何回报。虽然付出和回报不是等价值的，但你不付出就是零回报的。当你搬开别人脚下的绊脚石时，往往也是在为自己铺路。当那份善意的付出创造了更多的精神价值和剩余价值，幸福的光环也就自然而然地来到自己身边了。

付出与回报本来也是不对等的。就拿大自然来讲，同在一片蓝天下，同样滋润着雨露的甘甜，享受着阳光的温暖。有的树枝叶茂盛，茁壮成长，一片生机。有的树则枯干弯曲，枝叶飘零。大自然是不可控制的，人类也不例外。农民在回报是未知数的情况下，脸朝黄土背朝天地耕作，他们看到的希望很渺茫，难道就不付出吗？他们还得付出，因为不付出就等于死亡。有句歌词里是这样唱的：世间自有公道，付出总有回报，说到不如做到，要做就做到最好。可以理解为，要看轻回报，这样才能付出时会更潇洒。

付出与回报是人生的天平。究竟怎样看待付出与回报，是一个人价值观的真正体现。付出是一种美德，虽然在某种付出的情况下，有人会说你是傻子。付出的多了虽然没有回报或者少量的回报，表面是吃亏了，但是却积累了宝贵的经验,那就是真正的回报,用经济是无法衡量的。吃亏就是占便宜。总而言之，付出与回报要正确对待它、看轻它、忽略它，你就会比任何人活得潇洒，你的人生之路无限光明。

付出可以分为两种，一种是直接回报式的，比如我们去上班，老板付给我们的是薪水和各种福利或晋升。一种是间接有回报式的，比如付给你薪水的同时，你积累了经验，你得到了锻炼以及实践你想法的平台。付出的方式有很多种，可以付出金钱、时间、精力，甚至是对别人一个微笑，以及别人需求的。

自己要勇于承担付出的心态，承担是成长的开始，成长是成熟的开始，成熟是成功的开始。付出表示富有，索取就是贫穷，因为富有才能付出，贫穷才会索取，这是互为因果的奥秘。付出越多回报越多。只有量的积累，才有质的飞跃。

心态四：自律心态——领袖的榜样素质

成功的人必定是高度严谨自律的人，必定是以高标准要求自己的人，拥有良好的心理素质、高尚的道德情操以及正确的人生观。而要培养良好的个人心理素质，必须注重自身的修养，养成严格的自律习惯。那么，什么是自律？

自律就是针对自身的情况，以一定的行为标准和行为准则指导自己的言行，严格要求自己和约束自己。人人崇尚自由，然而，自由的代价是自律。

成功需要很强的自律能力。自律可以分为个人的自律和行业的自律。行业的自律包括两个方面，一方面是行业对国家法律，法规政策的遵守和贯彻，另一方面是行业内的企业文化、团队文化，行业行为规范来约束行业经营者的行为。俗话说，没有规矩不成方圆，自律是推动团队规范、健康、稳步的发展基础。

个人的自律首先表现为自爱，自爱就是自己爱护自己。也就是说要塑造自己良好的形象，珍惜自己的名誉，珍爱自己的生命。塑造良好的形象首先是"站有站相，坐有坐相"，坐姿、站姿都要注意，意思是一个人时时刻刻都应该按照一定的标准来塑造自己的形象。这是对外在形象塑造的要求，相貌、身材、穿着打扮、言谈举止等等，都是外在形象的范畴，最容易给人第一印象的就是外在形象，一个人是像个老板，还是像个打工的，往往第一眼就给人定论了。

除了外在形象，内在形象的塑造也非常重要。内在形象表现的是比较深层的气质。例如：性格、理想、学识、情操、心理等等。每一个自爱的人，都应该努力去美化自己的内在和外在形象。美化外在形象和内在形象都有各方面的要求和标准，参照这些来加强个人素养，是一个成功者必须做的事情。

此外，还要珍惜自己的名誉，名誉就是名声，它是社会或他人对你的评价，是一个人尊严的象征。珍惜自己的名誉是中华民族的传统美德，它要求我们在任何时候都不允许自己的言行玷污自己的名誉和形象。而生命是宝贵的，对每个人都只有一次，不仅仅属于你自己，还属于你的家庭、国家和社会，因此要珍惜自己的生命，在任何艰难困苦的环境下，都要热爱生活，热爱生命，这是对自己、家庭、国家和社会责任感的表现。

一个领袖还要具有非常重要的自省特质，就是检查自己的思想和行为。通过经常地、冷静地回顾自己的思想和行为，发现自己的缺点和错误，就叫作自省。"金无足赤，人无完人"，世界上没有一个十全十美的人，每个人都会有缺点和错误。一个自律的人应该经常检查自己，对自己的言行进行反省，纠正错误，改正缺点，这是严于律己的表现，是不断取得进步的重要方法和途径。有错误或缺点并不可怕，可怕的是无视它，不去改正它。反省是一面镜子，它能将我们的错误清清楚楚地照出来，使我们有改正的机会。每日"三省吾身"，反省自己当天的表现，发现不足之处，就要改正过来，不断地完善自己。长此以往，必能建立领袖特质。

心态五：宽容心态 ——领袖的事业格局

我们宽容，因为我们知道宽容别人等于宽容自己的道理，在我们宽容别人的时候，我们也会得到别人的宽容。宽容精神是做人必备的美德，俗话说得好，大肚能容天下能容之事。宽容的力量是巨大的，宽容可以使敌人越来越少，朋友越来越多。

宽容是一种豁达的人生态度，是一种巨大的人格魅力，是一种超凡脱俗的人生观。古往今来，有很多民族在宽容中冰释了误解和憎恨，有多少部落在宽容中播种了内疚和感激。化干戈为玉帛，化冲突为祥和。我们都知道太阳再耀眼也不能照到每个角落，月亮再柔美也有阴晴圆缺的时候，所以要学会宽容。

宽容意味着给予，给予别人能使自己变得更加丰富；刻薄意味着索取，索取得再多也容易干涸。宽容有时给自己带来痛苦，但那痛苦是短暂的；刻薄有时给自己带来快乐，但那快乐也不会长久。宽容的心态就是以宽阔的胸怀和包容的心态去面对人和事。"事在人为，境由心生，后退一步海阔天空。"宽容不仅是一种与人和谐相处的素质，一种永远崇尚的品德，更是吸纳他人长处充实自我价值的情操！苛刻会把非常简单的事情变得复杂，而宽容则可以把复杂的事情变得简单。

许多时候，没有宽容心态，使本来可以十分简单的事变得非常复杂，然后再用复杂的办法解决，结果越来越复杂。心胸宽阔的人，往往具备海纳百川的心态，用一颗平静的心面对芸芸众生，所以他的生活永远晴朗无比。直面自己的缺陷和不足，只有自己不在意，别人才能真正认同。一个人如果有海一样的胸怀去宽容他人，生活中还有什么事情会让你失去笑容呢？

我们在茫茫人世间，难免与别人产生误会、摩擦。如果不注意，在我们轻动仇恨之时，仇恨便会悄悄成长，最终会导致堵塞了通往成功之路。当别人批评我们时，如果我们有一颗宽容的心，就能够心平气和，审视自己。于是你就会发现，别人的批评其实是一片好心。但如果我们以敌视的眼光看待别人，对周围的人处处提防，最后终会因孤独而陷入忧郁和痛苦之中。"生活就是一面镜子，你笑，他也笑；你哭，他也哭"。

宽容是一种素质，一种修养，一种情操，也是衡量一个人层次高低的一个标准。看别人不顺眼，其实是自己修养不够。地上种了菜，就不易长草；心中有善，就不易生恶。要用放大镜看别人的优点，用缩小镜看他们的缺点。宽容的人才有大格局，海纳百川因为那是海，想做大事业，必须有海那样宽容的胸怀。

心态六：平常心态——领袖的平衡智慧

心有多宽，舞台就有多大，永远要有一颗平常心，对待每一天重复的工作和学习也要做到不以物喜不以己悲，也要做到复杂的事情简单做，简单的事情重复做，要保持一颗平常的心态，那成功就会很近了。

平常心态，也就是零度心态，达到喜不骄，败不馁的境界。因为任何事情知道不难，想到不难，做到就难，坚持自始至终则难上加难。生活的真谛在于珍惜你现在所拥有的，用平常的心态面对发生过的、正在发生的和即将要发生的，只有如此才能用冷静的头脑去对待。

我们的生活中很可能会出现挫折，应把这种挫折看作是通向成功之路的一块铺路石，挫折是为将来取得成功所做的必要准备，所谓："天降大任于斯人也，必先苦其心志，劳其筋骨，饿其体肤……增益其所不能！"

心态七：成就心态——领袖的心理高度

一个人要想成就一番事业，首先要树立好自己的成就心态。如果一个人没有强烈要成功的欲望，或是强烈的目标动机，那他什么事也是做不成的。常言道："有志者事竟成，无志者事竟空；有志之人立长志，无志之人常立志。"我们每个人来到这个世上都不是为自己而活的，面对社会我们要扮演多种角色，每个角色都要去承担角色所赋予我们的责任。生活的现实以及它的残酷，不会因为你逃避就不存在，与其处处退让苟且偷生，不如放手一搏，大胆创造。其实，创造才能体现一个人的伟大，一个索取或苟且偷生的人是没有任何存在价值的。

怎么样才能改变自己的命运，实现自己的梦想呢？这就需要给自己先树立一个成就的心态。成就一番事业等于90%的正确心态+10%的技巧和行动，自己首先要给自己定位。心态端正，定位准确，干起事情来才不会畏首畏尾，才会自信。然后，给自己订立一个理想目标。目标一定要是可实现的，不要太遥远，一定要是明确清晰化的。定好目标之后还要分解目标，目标可以设立成远期目标（也就是梦想）、中期目标、短期目标。大的目标固然会获得大的成功，但是成功并不是一天就能达到的，它需要的是长时间的积累，积少成多。

其实机会对于我们任何一个人来说都是稍纵即逝的，昨夜才来，今晨又去。机会只会给那些有预见性的，善于发掘机会的人。智者创造机会，强者把握机会，弱者失去机会，平庸的人等待机会。有了志向才能敢于梦想，有了梦想，才敢于拼搏，敢于拼搏的人，才会拥有自信和勇气，像拿破仑那样，即使在自己失败的时候依然说："我的字典里没有不可能。"

在我们追求成功的过程中，一定会遇到很多艰难困苦、挫折和失败，你不能打败它们，它们就会打败你。战胜它们最基本的方法就是你要有100%的信心能够战胜它，变挫折为快乐和成功的过程。成功往往会在最后一分钟降临。无论你做什么，还是学什么，在这个过程中都是充满艰辛的，如果你缺乏坚持的性格，那么你很可能会在过程中放弃，甚至会在成功即将来临前一分钟放弃。因而，当你决定干一番事业的时候，你就必须抱着一定要的成就心态，无论遇到什么样的打击与艰难，都要以坚持到底、永不放弃的心态做后盾。时刻告诉自己：我一定要坚持，一定要成功，一定要实现我的成就或梦想。

你们觉得发明电灯的爱迪生在还没有发明出电灯之前，会不会放弃？不会！成就就是再坚持一秒钟，失败是被自己的必要成就心态打败的，人最大的敌人就是自己。

人生有两杯水是一定要喝的，一杯是苦水，一杯是甜水。不同的人喝甜水和喝苦水的顺序不同，成功者常常是先喝苦水，再喝甜水，这就是我们常说的"先苦后甜"。失败者往往都是愿意先喝甜水，然而最后不得已饮下苦水，我们常说"少壮不努力,老大徒伤悲",就是这个道理。如果要做"先苦后甜"的人,那我们就要准备好成就心态。

心态八:感恩心态——领袖的心灵价值

感恩是一种认同,这种认同是从内心到外表的一种行为表现。我们生活在上天所赐的大自然里,享受着所有免费的恩赐,没有大自然谁也活不下去,这是最简单的道理。感恩是一种对恩惠心存感激的表现,是每一位不忘他人恩情的情感。学会感恩,是为了擦亮我们蒙尘的心灵而不致麻木,学会感恩,是为了将无以为报的点滴付出永铭于心。

感恩是一种生活态度,是一种做人原则,是一片肺腑之言。如果人与人之间缺乏感恩之心,必然会导致人际关系的冷淡,所以,每个人都应该学会感恩。当感恩成为一种自觉,当感恩成为一种健康的心态,我们的身心和灵魂便有一种超越。这个世界上,你认为理所当然的事情会越来越少,你所感恩的事情将会越来越多。

感恩让我们心中多了一份难得的快乐和宁静。如果总觉得别人欠你的,从来不想到别人和社会给予你的一切,这种人心里只会产生抱怨,不会产生感恩。有位哲学家说过:"世界上最大的悲剧或不幸,就是一个人大言不惭地说,没有人给我任何东西。"

感恩是一份美好感情,是一种健康心态,是一种良知,是一种动力。人有了感恩之情,生命就会得到滋润,并时时闪烁着纯净的光芒。永怀感恩之心,常表感激之情,原谅那些伤害过自己的人,人生就会充实而快乐。

感恩之心,就是我们每个人生活中不可缺的阳光雨露,一刻也不能少。无论你是何等的尊贵,或是何等的卑微;无论你生活在何地何处,或是你有着怎样特别的生活经历,只要你头脑清醒,那你将会有一颗感恩的心。

人生在世,不可能一帆风顺,是一味地埋怨生活,从此变得消沉、萎靡不振,

还是对生活满怀感恩,跌倒了再爬起来?你感恩生活,生活将赐予你灿烂的阳光;你不感恩,只知一味地怨天尤人,最终可能一无所有。感恩,会使我们在失败时看到差距,在不幸时得到安慰。就像换一种角度去看待人生的失意与不幸,对生活时时怀有一份感恩的心情,则能使自己永远保持健康的心态、进取的信念。

心存感恩,知足惜福。人与人,人与自然,人与社会才会变得如此的和谐和亲切,我们自身也会因此变得愉快而又健康。心存感恩的人,才能收获更多的人生幸福和生活快乐,才能抛弃没有意义的怨天尤人。心存感恩的人,才会朝气蓬勃、豁达睿智、好运常在、远离烦恼,才能达到"人人爱我,我爱人人"的美好境界。人常说:"送人玫瑰,手留余香。"一个懂得感恩并知恩图报的人,才是天底下最富有的人。

有一个著名的故事,讲美国前总统罗斯福,当家中失盗,朋友听到,写信安慰他时。罗斯福在回信中写道:"亲爱的朋友,谢谢来信安慰我,我现在很好,感谢上帝!因为第一,贼偷去的是我的东西,而没有伤害我的生命;第二,贼只偷去我部分东西,而不是全部;第三,最值得庆幸的是,做贼的是他,而不是我。"对任何一个人来说,失盗绝对是不幸的事,而罗斯福却找出了感恩的三条理由!

我们要学会感恩,要像成功者一样遇到何种困境都运用感激心态。如此你便拥有化腐朽为神奇的力量,在一切逆境和失误中发现有价值的东西,这样的人,没有任何事可以夺走他的自信和乐观,没有任何艰难可以让他放弃和跌倒,这样的人必然会有力量带领别人朝着目标一直奔跑,自然会成为团队的领袖!

【岁月馈赠】

团队的胜利：助人、识人、用人、忘我

在远古的时候，上帝创造了人类。随着人的增多，上帝开始担忧，他怕人类不团结，会造成世界大乱，从而影响他们稳定的生活。为了检验人们之间是否具备团结协作、互帮互助的意识，上帝做了一个试验：他把人类分为两批，在每批人的面前都放了一大堆可口美味的食物，但是，却给每个人发了一双细长的筷子，要求他们在规定的时间内，把桌上的食物全部吃完，并不许有任何的浪费。

试验开始了，第一批人各自为政，只顾拼命地用筷子夹取食物往自己的嘴里送，但因筷子太长，总是无法够到自己的嘴，而且因为你争我抢，造成了食物极大的浪费。上帝看到此，摇了摇头，感到失望。

轮到第二批人类开始了，他们一上来并没有急着要用筷子往自己的嘴里送食物，而是大家一起围坐成了一个圆圈，先用自己的筷子夹取食物送到坐在自己对面人的嘴里，然后，由坐在自己对面的人用筷子夹取食物送到自己的嘴里，就这样，人们在规定时间内吃掉了整桌的食物，并丝毫没有造成浪费。第二批人不仅仅享受了美味，从此，还获得了更多彼此的信任和好感。上帝看了，点了点头，为此感到希望。

最后上帝在第一批人类的背后贴上五个字，叫"利己不利人"；而在第二批人的背后贴上另外五个字，叫"利人又利己"！

送人玫瑰，手留余香。有一句老话：帮人即帮己，也就是利人又利己。德国企业及社会非常重视一个人的"人品管理"——一个经常帮助别人的人更有

团队精神，也更爱公司。精诚合作的团队精神是企业成功的保证。一个人没有团队精神将难成大事；一个企业如果没有团队精神将成为一盘散沙；一个民族如果没有团队精神也将难以强大。

因为，缺乏"团队精神"的群体不过是乌合之众。

群体，在英文中为 Group；团队，在英文中为 Team，团队不同于群体。群体可能只是一群乌合之众，并不具备高度的战斗能力，而一个有高度竞争力、战斗力的团队，必须有"团队精神"（Team spirit）。

中国有一句话叫作"人多力量大"。其实，在群体组织中，并不必然得出 1+1>2 的结果。在一个团队中，只有每个成员都最大限度地发挥自己的潜力，并在共同目标的基础上协调一致，才能发挥团队的整体威力，产生整体大于各部分之和的协同效应。

以一当十并不难，我们的社会太强调英雄，总在强调"以一当十"，但是，难的是以十当一。因为"以一当十"只要最大限度地发挥一个人的潜力就行了。而以十当一则不同，它需要最大限度地发挥十个人的潜力，而且要使这些潜力朝着一个方向使劲。

团队与群体是不一样的，群体可以因为事项而聚集到一起；而团队则不仅有着共同的目标，而且渗透着一种团队精神。

建设一个团队并不是一件容易的事。当年项羽和刘邦争霸天下，项羽势力远远超出刘邦，属于实力派人物，而且他"力拔山，气盖世"。若论单打独斗，别说他能以一当十，就是以一当百也不为过；在与刘邦争夺天下的过程中，一开始，只要他亲临战斗，则每战必克，刘邦则临战必败，但结果却是刘邦势力越来越大，而他的势力却越来越小，最终落得个被围垓下、自刎乌江的结局。他至死也没弄明白，他到底失败在什么地方，还说："此天亡我也，非战之罪也。"

反观刘邦，不仅本领不如张良、萧何、韩信这"兴汉三杰"，而且还"好酒及色"，早在当亭长时，"廷中吏无所不狎侮"，简直就是地痞流氓。但在与项羽的战争中，却最终打败项羽，夺得天下，胜利还乡，高唱《大风歌》。为什么？刘邦在建国后的一次庆功会上，向群臣解释说："夫运筹帷幄之中，决胜千里之外，吾不如子房；镇国家，抚百姓，给馈饷，不绝粮道，吾不如萧何；连百万之众，战必胜，攻必取，吾不如韩信。三者皆人杰，吾能用之，此吾所以取天下者也。项羽有一范增而不能用，此所以为吾擒也。"

刘邦把胜利的原因归结为他能识人用人，而项羽则不能识人用人。刘邦的胜利，是团队的胜利，他建立了一个人才各得其所、才能适得其用的团队；而项羽则仅靠匹夫之勇，没有建立起一个人才得其所用的团队，所以失败是情理之中的事。

那么，什么是团队？如何组成团队？团队有点像孔子所说的"君子不器"——即君子不能用具体的器物来衡量，可以因势而变、随器成型，团队是拥有一个共同目标，能够用最理想的状态来面对和解决所遇到的任何问题和困难的群体。

2004年以来，随着姜戎《狼图腾》一书的畅销，"狼性文化"大行其道，备受企业推崇。什么是"狼性文化"呢？那就是它体现了"敏锐的嗅觉，不屈不挠、奋不顾身的进攻精神，协同作战的团队精神"。一旦攻击目标确定，头狼发号施令，群狼各就各位，嗥叫之声此起彼伏，互为呼应，有序而不乱。待头狼昂首一呼，主攻者奋勇向前，佯攻者避实击虚，助攻者嗥叫助阵。这种高效的团队协作性，使它们在攻击目标时往往无往而不胜。独狼并不是最强大的，但狼群的力量则是空前强大的，所以有"猛虎也怕群狼"之说。

第四章　不言败的团队

伟大的篮球运动员迈克尔·乔丹说过一句名言："一名伟大的球星最突出的能力就是让周围的队友变得更好。"如今，提起篮球，提起NBA，人们自然会想到乔丹，想到芝加哥公牛队，想到由乔丹率领的梦之队。

从古到今，任何时代，人们都需要英雄，需要英雄崇拜。但是，任何时代，英雄的业绩都不是一个人创造的，包括乔丹。那时的芝加哥公牛队还有皮蓬、罗德曼、科尔、朗利、库科奇、格兰特等杰出的运动员，他们组成了一支优秀的团队，才成就了芝加哥公牛队两个三连冠的霸业。可以说没有乔丹，就没有芝加哥公牛队上个世纪90年代的辉煌；没有乔丹那帮伙伴，也同样不会有那个辉煌的时代。

一个人，一个公司，一个团队莫不是如此。如果只强调个人的力量，你表现得再完美，也很难创造很高的价值，所以说"没有完美的个人，只有完美的团队"。这一观点被越来越多的人所认可。

雅典奥运会上，中国女排在冠军争夺赛中那场惊心动魄的胜利恰恰证明了这一点。意大利排协技术专家卡尔罗·里西先生在观看中国女排训练后认为，中国队在奥运会上的成败很大程度上取决于赵蕊蕊。可在奥运会开始后中国女排第一次比赛中，中国女排第一主力身高1.97米的赵蕊蕊因腿伤复发，无法上场了。媒体惊呼：中国女排的网上"长城"坍塌。中国女排只好一场场去拼，在小组赛中，中国队还输给了古巴队，似乎国人对女排夺冠也不抱太大希望。

然而，在最终与俄罗斯争夺冠军的决赛中，身高仅1.82米的张越红一记重扣穿越了2.02米的加莫娃的头顶，砸在地板上，宣告这场历时2小时零19分钟、出现过50次平局的巅峰对决的结束。经过了漫长的艰辛的20年以后，中国女排再次摘得奥运会金牌！

女排夺冠后，中国女排教练陈忠和放声痛哭两次。男儿有泪不轻弹，个中的艰辛，只有陈忠和和女排姑娘们最清楚。

那么，中国女排凭什么战胜了那些世界强队，凭什么反败为胜战胜俄罗斯队？陈忠和赛后说："我们没有绝对的实力去战胜对手，只能靠团队精神，靠拼搏精神去赢得胜利。用两个字来概括队员们能够反败为胜的原因，那就是忘我。"

相传佛教创始人释迦牟尼曾问他的弟子："一滴水怎样才能不干涸？"弟子们面面相觑，无法回答。释迦牟尼说："把它放到大海里去。"

在一个团队中，影响成员发挥其潜力的因素非常之多。一个团队要建设好，需要每一个方面、每一个环节都做得好，才能保证团队的力量；相反，如果团队建设中的任何一件小事、任何一个细节做不到位，都会影响团队成员的积极性，进而影响团队整体的威力。所以，"细节决定成败"的理念，是非常有道理的。

在专业分工越来越细、市场竞争越来越激烈的前提下，单打独斗的时代已经过去，合作变得越来越重要。例如，在诺贝尔获奖项目中，因协作获奖的占2/3以上。在诺贝尔奖设立的前25年，合作奖占41%，而现在则跃居80%。

在竞争激烈的经济领域，合作更为重要，参与竞争的企业就是合作的表现形式。但合作并不一定产生1+1＞2的效果，如何进行有效合作，形成一种团队精神，以达到整体效益大于部分之和的效果，是每一个企业的重要任务。所以，在现代企业团队建设中，打造一支"协作型团队"无疑是企业实现目标最有力的保障。

没有完美的个人，只有完美的团队；时代需要英雄，更需要伟大的团队。个人再完美，也就是一滴水；一个团队、一个优秀的团队就是大海。

【小故事　大智慧】

三只鹦鹉

一个人去买鹦鹉，看到一只鹦鹉标价：此鹦鹉会两门语言，售价两百元。另一只鹦鹉标价：此鹦鹉会四门语言，售价四百元。该买哪只呢？两只都毛色光鲜，非常灵活可爱。这人转啊转，拿不定主意。结果突然发现一只老掉了牙的鹦鹉，毛色暗淡散乱，标价八百元。

这人赶紧将老板叫来："这只鹦鹉是不是会说八门语言？"

店主说："不。"

这人奇怪了："那为什么又老又丑，又没有能力，会值这个数呢？"

店主回答："因为另外两只鹦鹉叫这只鹦鹉老板。"

思考：印象中的优秀管理者好像一定要是能力非常全面的人，真的是这样吗？真正的领袖最应该具备的到底是什么素质？到底是事必躬亲，样样都做到完美？还是要懂信任、懂放权、懂珍惜、懂选择？未必样样精通，但求善用能人，通过成就别人来成就自身价值的人，才是领袖。

第五章

BLOOM

【开场白】

　　作为事业型的女人,一生中最难的事,就是找到事业与家庭的平衡点,让自己在收获财富与尊重的同时,又能收获家庭的和谐和幸福。这是每个女人都渴望达到的目标,没有家庭幸福的女人,就没有真正完整的人生。再强大的女人,也不希望成为强势的女人,不希望前堂辉煌而后院着火。甚至,为了家庭的幸福,她们宁可放弃事业的成就。因为她们原本为了家庭的幸福才选择了投身于事业,当然也可以为了家庭的幸福而放弃所选择的事业。

　　可是,可以有第三种方案的。就在你以为因为事业已经让家庭的幸福坍塌之后,只要你明白这是上天给你的功课,来帮助你的成长,让你能够承担更大的幸福——只要你确信这个,真正负起该负的责任,让自己成长,满足上天向着你的美意,完美交上功课的答卷——便会乌云散尽,一切柳暗花明。

　　这是一个能容纳三千人的会议大厅,舞台很大,灯光炽热,台下坐满了人,却鸦雀无声。台上,一个20多岁的小伙子,西装革履,风度翩翩,正手拿麦克风,站在舞台的中央。聚光灯下,他静默地站在那里,似乎与所有人一起沉浸在刚才的回忆之中。他眼角噙泪,而台下那些听讲的人,有男有女,有老有少,几乎人人都掉在了感动之中,浑然忘我。感情丰富的人,都在默默流泪。而他们的目光,却从未离开舞台上的那个小伙子。

不放弃的幸福

　　他叫欧济闻,欧力墁的儿子。此时他作为中鼎恒生最年轻最优秀的培训讲师站在这个舞台上,为大家分享自己最真实的心路历程。他的演讲非常真诚,有极大的感染力,他仿佛是个天生的演说家,就为舞台而存在。他每次登台,都能把下面的听众抓得死死的,让大家随着他的话语的魔力而产生情绪上的互动。他不是在用自己的演讲技巧打动人,别看他年龄不大,但他鲜活的人生、丰富的经历,可以引起同龄人的共鸣,让老一辈感同身受。一切正在迷茫、感到失败、对未来没有信心的人,无论男女老少,都能被他的演讲触动内心、激发信念、找到决心、看到希望!

　　欧力墁不止一次坐在台下听儿子的演讲,不止一次被演讲感动到流泪。自己登上荣耀的顶峰时,她没有这种感觉;带领那么多人达成梦想时,她也没有这种感觉。这是什么样的感觉呢?幸福、感恩、感动、满足……非常复杂,这种感觉属于一个领袖,属于一个女人,更属于一个母亲。只有在这样的时刻,她才有种尘埃落定的喜悦,饱满得像要溢出来的满足。感谢上天的厚爱,让一切曾以为的来不及,全都变成今天的始料不及,一只无形的上帝之手,把欧力墁人生中最大的失败,魔术般地变成了欧力墁人生中最大的惊喜!

第1节　归来的儿子

欧济闻18岁生日那天,欧力墁在美容院开完早会,跟美容院的几个美容师商量怎么给儿子过一个成年礼的生日。正商议着,欧力墁接到一个电话:"你是欧力墁吗?是欧济闻的家长吗?立刻到派出所来一趟,你儿子把人打伤了!"欧力墁愣在当场,对方挂断了电话她还没有反应过来,电话顺着她垂下的胳膊从手中滑落在地上,她大脑里只有一个念头:"完了完了……怎么办怎么办?一切都晚了,来不及了……"

欧济闻因故意伤害罪被判入狱三年,在他18岁生日那天。这成了欧力墁一生中不能回想的痛,只要想到那天,儿子被戴着手铐带上警车,送往监狱的时候,眼神中还满是仇恨和冷酷,欧力墁的心就被冻成了冰块再被一记重锤敲碎。她从未有过如此的悔恨自责,自己的儿子变成这个样子,仿佛自己的一切努力都变得毫无意义。

儿子坐牢,欧力墁不敢和任何人说,觉得太丢面子了。日子还得过,工作还得做,一切还要装出若无其事的样子。在儿子坐牢的那五百多个日日夜夜,欧力墁闲下来就陷入反思,重新整理自己坍塌的家庭生活。她终于意识到了,自己一心扑在事业的选择看似正确,但如果以忽略家庭、破裂亲密关系为代价的话,那就是本末倒置、得不偿失。那段日子,她理顺了自己人生的优先顺序,学会如何在百忙中利用时间的统筹分配,来让自己忙中有序、面面兼顾,而不是顾此失彼、乱中出错。欧力墁教育儿子的失败,给了她人生最惨痛的教训,但同时,也给她上了一堂生活大课,让她拥有了深刻反省的能力,并在反思中成长,举一反三地重建破碎的一切,而且让它变得更好。

也许上天让欧力墁经历这些,就是让她看到自己的不足,然后补足。人生一切失败都是学乖的过程,上天用这样的方式来扭转人错误的观念,同时扩大人承载祝福的格局。一旦你真的明白了上天的美意,并且承认自己的问题并努力做出改变的时候,曾经最让你艰难的那个难题,瞬间就有了解开的答案。

2013年,欧济闻出狱那天,欧力嫚和欧济闻以前经常在一起玩的小伙伴儿一起来到监狱,接他回家。那天的天气非常晴朗,万里无云,欧力嫚的心中却沉沉压抑,有种不透气的感觉。这本应是高兴的一天,原本被判三年,因欧济闻在狱中积极改造,一年半的时间,就释放出狱了。但欧力嫚却从未如此害怕面对儿子。之前儿子犯错,她理直气壮地非打即骂,现在,不听话的儿子终于得到了应有的惩罚,改造归来,可欧力嫚却完全失去了胆气。因为她彻底明白了,儿子之所以走到今天,全是自己的责任,什么工作忙没有时间,并不能成为她逃避责任的借口。工作再忙,抽出几分钟打个电话也是一种沟通,而这么多年来,她几乎跟儿子从未有过敞开谈心的时刻,从来没有过表扬和鼓励,有的只是训斥和伤害。她不了解儿子,儿子也不了解她。他们彼此之间的疏离,使儿子向外寻求刺激,以填补只有妈妈才能给的那份缺失。

欧力嫚痛悔之中,对儿子充满内疚。监狱外面,等候儿子出现的她不敢来到儿子面前,她藏在了儿子的朋友们的身后,内心忐忑不安。她怕孩子恨她,更怕孩子在监狱里受尽委屈心态扭曲,不但没有改造好,反而更加堕落。如果是这样,她将一辈子承担亏欠儿子的痛苦,永远不能原谅自己对他未尽的监护之责。

欧济闻从监狱大门走出来了,他样子没变,略显苍白,个子长高了。欧力嫚从缝隙中看到自己的儿子,内心软弱到无力再向前一步。欧济闻走到朋友们面前,说了句:"哥几个在外面都混得挺好的啊。"然后分开挡在他面前的两个朋友,径直走到欧力嫚面前,"扑通"一声跪在地上,紧紧抱住她,大喊:"妈——"欧力嫚瞬间泪崩了,憋了很久的百感交集一下子释放出来,晴朗的内心被感动的阳光充满,孩子成长了!真的长大成人了!原来一切还不晚,一切还有希望!感谢上天!欧力嫚内心涌动无数的感谢,因为她此时无比确信,自己能把儿子带好了,她宝贵的儿子回来了,自己曾寄满希冀的儿子回来了!欧力嫚拉起儿子的手："儿子，跟妈回家！"欧济闻紧紧牵着妈妈的手，他们走得很坚定，仿佛走在为美好的未来而铺设的金光大道上。

欧济闻出狱时，欧力嫚已经在行业内获得成功。她把欧济闻带在身边，让他融入自己事业的环境。她已经不再是那个只会训斥的妈妈，也不再是一个苦恼无法与儿子沟通的妈妈，她明白人是环境的产物，把欧济闻放在团队里，用氛围感染他，用周围人感动他，比自己说什么都用。欧济闻每天浸泡在充满积极的爱的能量的环境里，目睹很多人发生了转折性的改变，看到一些毫不起眼的人，也能重拾自信，改头换面。他被撼动了。这样一个从未感受过如此温暖正气的孩子，一个觉得自己没文化以暴力来隐藏自卑的孩子，开始被环境软化，他的心思意念不断在变化，人也变得越来越温和阳光。有一天，欧济闻突然抱住了欧力嫚，说："妈妈，我爱你！"欧力嫚感受到幸福的冲击，眼泪扑簌簌地流了下来。等待这一天是否太久了呢？然而一切都是值得的，爱的表达永不嫌迟。儿子长大了，变得越来越好，而自己尚未老去，母子可以心连心肩并肩一起奋斗，世上还有比这更幸福的事吗？

欧济闻开始在她的团队里寻找自己的位置，欧力嫚则不给他任何的建议，完全把主权交给了他自己。因为她已经可以对儿子放心了。欧济闻说想当演说家，因为他小时候就喜欢双簧、演讲啊这些东西，当时为了让他专心学习，都被欧力嫚反对扼杀了。现在，他要重拾自己的热爱，恢复自己的特长。欧力嫚当然大力支持，立刻送他去专门学习演讲。学习归来之后，欧济闻真的改变很大。他原本很聪明，记忆力好，模仿力强，很多东西一听一学就会，加上专业的学习，更是在这方面大放光彩。欧力嫚为了让他能在演讲中更上一层楼，还让欧济闻下市场实际体验销售，锻炼沟通能力。让他自己一步一步辛苦去跑市场，自己却把资源交给别人而不交给他。他也曾抱怨妈妈不帮他，但欧力嫚对他说："让你跑市场并不是让你出业绩，而是让你从女人开始，学习与人沟通打交道的能力，这样，你的讲演才有生活有体验，才能真诚打动人心，真感情就是好文章，你现在不缺演讲技巧，如果再融入一份真实体验，你一定会在讲台上闪耀如星，你会帮助到很多很多人。"

欧力塈这次真的成为一个优秀的妈妈，在她的引导和鼓励下，欧济闻成长飞速，很快在系统中名气大增。他的演讲打动了各年龄段的人，感动无数人哭得稀里哗啦。他现在是个有梦想、有目标的优秀的年轻人，非常感恩，非常有能量，激励了很多人，帮助了很多人。他的现场演讲非常震撼，在他这个年龄，就已经这样优秀了，所以欧力塈无比相信，欧济闻的未来，充满无可想象的各种可能，她已无须操心，只需拭目以待！

欧力塄：母亲的责任，是让孩子发现他最优秀的自己

我作为一个失败过的母亲，最想告诉所有母亲一个真相：每个孩子，都是天才，他们身上，都有上天赐予的最好的天分。"天生我材必有用"，一个合格的妈妈，不是满足孩子的一切要求，让他们锦衣玉食、无忧无虑，虽然每个妈妈都因着爱想让自己的孩子永远快乐，但实际是，对孩子最好的给予，并不一定是让他最舒适最快乐的。

对孩子最好的给予，是让孩子发现他最优秀的自己。让他明白，他是活在爱里的孩子，在充满鼓励和支持的环境中，他可以非常安全地发掘自己的真正热爱，可以自由地挑战，超越局限和艰难。不管他热爱什么，妈妈都不要反对和打击，不要按照世俗的基准去定义孩子的发展，不要由着功利的心态去掌控孩子的未来。每个孩子身上都有上天对他们最好的规划，而妈妈的责任就是领他们来到才华的镜子面前，让他们看到自己有多么优秀。

一个有热爱、有特长的孩子，自然会有梦想。站在自己才华的梦想国度里，再自卑的孩子也会成为君王。作为父母，真的要看顾呵护孩子的这份由热爱而来的梦想，因为这里有他真正的幸福快乐，也有他心甘情愿抵达的未来。

我从儿子失败的教育中，终于成长为一个合格的母亲。我不仅挽回了自己的儿子，让他除去才华上的斑斑铁锈，变得闪闪发光，我也正在养育我的女儿。在她身上，我弥补了对儿子所有的愧疚，找回了作为一个母亲应有的责任和幸福。女儿是一朵向阳的花儿，热爱写作，梦想是当一名编辑。我为她加油。我们彼此在对方的眼里发现了最优秀的自己——她是我最优秀的女儿，我是她最优秀的妈妈。

第五章　不放弃的幸福

【超级链接】 让优秀传承：如何发现孩子优秀的潜能？

每个女人都可能成为母亲，在女人一生的事业中，最具有成就感的，莫过于做一名成功的母亲了，然而，并非每个母亲都是一个天生的教育者，会"养"不会"育"不能算完整的养育孩子。很多女人自己非常优秀，在事业上攻城略地，一路凯歌，但在养育后代上却折戟沉沙，非常失败。所以，作为一个女人，不可小觑养育后代这件大事。

孩子是有个体差异的，当然孩子的教育也是各有不同。不是每个孩子都可以上清华北大。孔子早就提出"有教无类"，"因材施教"。美国哈佛大学教授霍华德·加德纳的多元智能理论认为：每个孩子都有不同的天赋和潜能。教育就是要发现和发展每个孩子的天赋潜能，给孩子的发展创造合适的环境。但教育中最重要的教育，是正面激励的教育。

在教育孩子时，每个母亲都可能面临如下困惑：比如：一提起玩就兴奋，千万别提学习；在学校，除了爱上体育课，别的课一律不感兴趣；作业写得乱七八糟，怎么说也改不了；教师反映上课时的小动作特别多；尽管整天看书，可学习成绩不怎么样；喜欢音乐、舞蹈，其他学习都不喜欢；对野外和自然界的探索比对书本的学习更有兴趣；不爱听父母的话，自己特别有主意……其实这些情况很正常，恰恰证明你的孩子很聪明、有个性、有潜力，只是暂时没有找到开发他们的方法。有这样一段话：观念变态度变，态度变行为变，行为变性格变，性格变人生亦变。先来看一看下面的故事，看一看你们的观念怎么样。

有一个母亲，记录了儿子成长过程中几次参加家长会的故事。

第一次参与家长会是在幼儿园，老师对这位母亲说："你的儿子有多动症，在板凳上连三分钟都坐不住，你最好带他去医院看一看。"回家的路上儿子问老师都说了什么？她鼻一酸，差点流下眼泪。然而，她告诉儿子："老师表扬你了，说宝宝原来在板凳上坐不了一分钟，现在能坐三分钟了。其他的妈妈都非常羡慕妈妈，因为全班只有宝宝进步了。"

第二次，儿子上小学了，在家长会上，老师说："全班50名同学，数学考试，你儿子排49名，我们怀疑他的智力上有障碍，你最好带他去医院看一看。"回家的路上她流下了眼泪，可是，她回家里对儿子说："老师对你充满信心，说你并不笨，只要你细心一些就能超过你同桌的同学，他是31名。"

第三次，孩子上初中了，老师破天荒没有点儿子的名，母亲有些不习惯，临别时去问老师，老师说："按你儿子的成绩，考重点中学有点危险。"母亲回家却对儿子说："班主任对你非常满意，他说了，按你现在的成绩，只要你努力，考重点高中很有希望。"

第四次，儿子很快高中毕业了，在第一批大学录取通知书下达时，学校打电话让她儿子去趟，母亲有一种预感，儿子被清华大学录取了，因为在报考时，她对儿子说：相信你能考上这所学校。儿子回来了，把清华大学的录取通知书给她看，儿子转身跑进屋里大哭起来："妈妈，我一直都知道我不是一个聪明的孩子，是你一直以来不放弃我，才成就了我的今天啊……"

好孩子不是天生的，与我们家长的教育和影响分不开。一般来说，我们把孩子大致分为两类：一类是从小到大让父母骄傲的那种孩子，在成长中，他们一直表现平稳，从幼儿园开始就不断接受老师的表扬，他们是幸运的（但也不一定）；另一类是从小到大就没有让父母省过心的那些孩子，特别"淘气"，各种问题层出不穷，可随着年龄的增长，心理发展的不断成熟，他们逐步成长起来，也许他们本身就很聪明，只是思维与老师和家长不一样，有谁能说：老师和家长就一定是正确的呢？谁敢说，自己永远是正确的。有时候孩子比我们聪明，他们是正确的，我们说他们不听话，其实他们是不听我们错误的话。

每个孩子都遵循自己独特的成长规律，都有独自的特点。在这个世界上没有两片完全相同叶子，当然在这个世界上也没有两个完全相同的孩子。他们的发展规律不同，发展能力的领域也不同，有的喜欢数学，有的喜欢讲话，有的喜欢运动，有的喜欢音乐等；他们生理和心理的发展速度不同，有的小时候"早慧"，有的小时候"木讷"。其实，许多有成就的人，不一定在幼年时期表现出才能，如：英国首相丘吉尔在上小学六年级时还留级了。但是，这并没有影响他后来成为政治上的巨人。

每个孩子都是独一无二的天才，问题是作为父母如何发现孩子的优势潜能在哪一方面？当你的孩子在学校两门功课优秀，一门良好，一门不及格时，你会关注哪一门呢？调查发现：80%的父母关注不及格的那一门，老师也和父母一样把注意力放在薄弱环节上，认为"只要功夫深，铁棒也会磨成针"。这种传统观念妨碍了人们的认识，这是家庭教育的一个误区。为了让大家从这个误区里走出来，我们来看一看大家熟悉的一些人物：

贝多芬——世界上最伟大的音乐家之一；学小提琴时，不愿做技术上的改善，老师说：他绝不是当作曲家的料。

爱因斯坦——相对论的发明者，被誉为上个世纪最聪明的人；他四岁才说话，七岁才认字。老师说他：反应迟钝，不合群，满脑袋不切实际的幻想。曾退学。

牛顿——万有引力定律的发明人，经典力学的创始人，最伟大的物理学家之一。他在小学时的成绩是一团糟。

罗丹——文艺复兴时期最伟大的雕塑家；他的父亲曾怨叹有一个白痴的儿子，考艺术学院考了三次考不进去，他的叔叔说："孺子不可教也！"

爱迪生——发明大王。他一生的发明共有两千多项，拥有专利一千多项。他有刨根问底的天性，上课时经常问老师一些另类的问题，被老师以"低能儿"的名义撵出学校。

这些天才们，谁更聪明呢？这个问题我们很难回答，他们各有过人之处，表现在不同的方面，无法做出比较。

1983年，美国哈佛大学的教授，著名心理学家加得纳提出了"多元智能理论",他为我们提供了怎样看待"聪明"和"成功"的标准。

在加得纳的多元智能框架中,提出了相对独立存在着的8种智能,它们分别是:语言智能、数理逻辑智能、音乐智能、视觉空间智能、身体运动智能、自省智能、人际交流智能和自然观察者智能。

加得纳认为,有些人热衷于写作,容易体验创作的乐趣;有些人擅长音乐,表现在音乐的天赋;有些人对数学感兴趣,喜欢做数学难题;有些人喜欢体育,愿意参加体育比赛;有人喜欢大自然,他们愿意探索大自然中的奥妙等等。

现在我们了解了加得纳的多元智能理论,就明白上面讲的贝多芬、达尔文、爱因斯坦、牛顿、罗丹、爱迪生等等,不能说他们谁比谁更聪明,只能说他们在不同的领域都具有高度发达的智能,以不同的方式把自己的智能发挥达到了极限。

人与人之间也许根本不存在智力水平上的差别,只有不同智力优势、组合与发展速度上的差异,每个孩子都是天才,正像中国一句古话:天生我材必有用。所以,我们要因材施教,每个人都可能拥有相应的成功领域。

其实,每个孩子一般都会在某方面表现出异于常人的潜能和天赋,而这些隐藏的天赋和特长是在日常生活中暗暗流露出来的。对于想培养孩子的某项天赋潜能和特长,但又不知道什么才适合孩子的家长来说,善于发现才是最重要的。

耶鲁大学曾经致力于研究一种"多方面"的测验,这种测验考虑到孩子的多方面才能,如果你的孩子具有下面这19项类似的情况发生,那么恭喜你,你的孩子有可能极具某项或多种天赋。

孩子日常生活中的19项行为:

1. 能出色地记忆诗歌和电视播放的专栏乐曲
2. 善于观察父母的心情,领悟父母的忧与乐
3. 善于辨别方向,极少迷路
4. 落落大方,动作优雅,懂礼貌

5. 学习系鞋带、穿袜、骑自行车很快,且不费力

6. 爱提些怪问题,经常问雷鸣、闪电、下雨等宇宙间的问题

7. 给孩子朗读时,要是你更换了经常朗读的故事里的某个词,孩子就会说读错了

8. 很顽皮,是班级或家中的捣蛋鬼,每天有使不完的劲儿

9. 特别喜欢模仿戏剧或电影人物的动作或道白

10. 乘车时,对经过的站名或路标记得清清楚楚,并向你提起什么时候曾经来过这个地方

11. 喜欢倾听各种乐器发出的声响,并能根据音响敏捷地判断出是什么乐器

12. 喜欢把各种物体勾勒得形象逼真

13. 爱把玩具分门别类,按大小和颜色放在一起

14. 善于把行为和感情联系起来,"我气疯了才这样干的"

15. 喜欢给人讲故事,而且讲得有声有色

16. 善于描述所听到的各种声响

17. 看见生人时,会说"他好像某某人"之类的话

18. 善于判断能做什么、不难做什么

19. 好模仿各种表情和各种体育动作

如果你的孩子第 7、9 和 15 条表现突出,可能极具语言才能。

这类的孩子很喜欢说话。作为家长,不要嫌孩子啰唆,因为这种行为说明他们有着特殊的演讲才能,也说明他们的想象力丰富。他们的思维模式是由声音带动的,在传统的教学模式中,大部分老师都是通过口授进行教学,这对于听觉学习型的孩子是十分有益的,有可能他们就是下一个 JK 罗琳。

如果你的孩子第 1、5、11、12 和 16 条表现突出，可能是个艺术苗子。

这类的孩子对富有旋律的音乐或画面会有特别的敏感，有时突然听到电视里传来一段音乐，立即会跟着唱起来；看到抽象画能想象出自己所看到的。这是一种艺术天赋，如果平时家庭的氛围能不断激发他们的此项天赋，这种对艺术的敏锐度不但不会消失还会越来越让孩子感受到自己想要的是什么。

如果你的孩子第 3、10、和 12 条表现突出，可能空间想象能力卓越。

爱因斯坦被认为是现代物理学之父，他以能够在自己的大脑中实施物理实验而著名。他说："基本思考元素不是语言文字，而是某种标志，是或多或少的图像。"这就是拥有杰出空间想象能力的最有力表现。一般情况下，有良好的空间能力的孩子，他们的数学和语言能力在同龄孩子中都占前茅。父母要做的就是不逼迫孩子去学他不擅长的领域，如果他会对家用电器的说明书孜孜不倦地看上两小时，他脑海中的构建蓝图绝不是你能轻易想到的。

如果你的孩子第 6、11、13 和 18 条表现突出，可能逻辑思维方面特别强。

这类孩子，特别善于观察，譬如他能发现：妈妈包的饺子和奶奶的不一样，所以像拼图和积木一类的游戏，足以让他快乐地摆弄上几个小时。他们有耐心和细致的观察力，还有特别好的逻辑思维能力。家长千万不要嘲笑孩子有时候太过严谨和较真的个性，因为这正是他们的魅力所在。

如果你的孩子第 2、4、14 和 17 条表现突出，可能是个很好的沟通者。

这类孩子与前一类孩子的区别是，他们的观察大多源于情感因素，就是大人理解的"察言观色"，也能很准确地说出自己的心理感受。这是一类难得的孩子，他们天生就善于感知人细微情感的不同，不过这些孩子心思大多非常敏感，经常会让家长感到头疼。如果能一直受到家长的鼓励，长大后他们将会是个非常好的心理沟通者。

如果你的孩子第 5、8 和 19 条表现突出，可能运动细胞非常发达。

这类孩子可能是被认为是最有活力的孩子，他们好动，注意力也不够集中，常常不是在跑就是在跳。他们无论是爬还是走路一般都要比其他孩子早。这类被称为触觉学习型的孩子，在传统教学模式中很吃亏。但是他的动作协调能力较强，适当地释放他们的能量，反而有利于他们日常安静地学习。

有些家长在孩子很小的时候就让他学算术背唐诗，但随着时间的推移，这种早期开发所形成的优势会渐渐消失，孩子逐渐"泯然众人矣"，我们该如何来保护和开发孩子的天赋？

1. 尊重孩子微小的斗志

最新的研究表明，当孩子们的身份和目标纠结在一起时，扳机就被触发了，不自觉的激励的能量被释放出来。针对一组年轻音乐家们完成的研究，在这项

研究中，预测自己会成为成年音乐家的年轻音乐家们学习速度是不看好自己的音乐家的 4 倍多。不是基因让他们成功，而是"我想成为这样的人"的小小的想法驱动了他们。

2. 赞赏勤奋而不是天赋

当我们赞赏一个孩子的聪明才智时，我们其实是在告诉他才智是人生竞争的本质，他就会更少地去冒险。然而，当我们赞赏勤奋时，孩子们就更倾向于冒险，犯错并从中学习，这才是保护孩子"天赋"的最好办法。

3. 允许他放弃不喜欢的事情

首先相信自己的孩子是独特的，不要将孩子塑造成你所期望的样子，孩子的"天赋"不能和市场上流行的，正中你胃口的东西挂钩。如果孩子对某种强加的兴趣非常不喜欢，或者说正好是他的弱势，那家长得允许孩子放弃，而不是最后双方都痛苦。

4. "我愿意学"比什么都重要

每个孩子都存在着某些领域的优势，家长可通过多陪伴、多观察，发现孩子有哪些优势。优势反映了孩子的天资禀赋，他感兴趣，天分较足，就会乐学易学。

天赋这种东西越大才越明显。因为越小的孩子兴趣越多变，所以家长可以耐心等待孩子长大。天赋更像是天才的代名词，绝大部分孩子都是普通人，但是与天才一样，会自己独特的兴趣。与其说要提早发现孩子的天赋，不如说提早发现孩子的兴趣所在。

第2节　因为有爱情

对一个女人来说，最奢侈的东西不是名车豪宅，不是珠宝名牌，不是事业辉煌，甚至不是集万般宠爱于一身，而是，有一个心灵相通、不离不弃、彼此欣赏而又举止默契的爱人。

爱情的定义随情而变，人们常常分不清何为爱情。少有人能透过表象的迷思参透万物的本质，比如爱情，其实从来就不是一见钟情或者排山倒海，因为这样的爱情，或许美丽，却不能永恒。

过分的美丽会过早地衰残。即使表象也能看到不能超越的规律，虽然，我们知其然而不知其所以然。但是，作为一个女人，永远需要看懂自己并不断勇敢，你所配有的幸福，来自你对美好从不陨落的信心。

俗话说："男怕入错行，女怕嫁错郎。"任何一个女人，在没有走入婚姻殿堂之前，都向往着一生一世一个人，一心一意一辈子的爱情，可以"执子之手，与之偕老"地相依相伴，走过漫长的人生岁月。从青丝走到白首，一辈子不离不弃，是每个女人对爱情的最高幻想。然而，婚姻的围城不会因为美好的心愿就牢不可破，任何对于爱情的美好想象，一拉入婚姻变成柴米油盐，就少不了摩擦得一地鸡毛。其实婚姻是个容不得幻想的事，但凡以爱情为食，不考虑婚姻必须面临的俗事的姑娘，往往都在婚后不久，就被自己幻想出来的爱情抽得遍体鳞伤。欧力嫚也不例外。

沉醉在天真少女时期粉红色的爱情梦中，在卿卿我我中完全不会考虑生计、性情、志趣等共生要素。欧力嫚大学毕业后参加工作，工资150元一个月，不算高也不算低，生活稳定，长相甜美，在当时很多人眼里，是个非常可爱的姑娘，想结亲的，也是络绎不绝。因为爱情，欧力嫚选择了自己所爱的结婚了。爱情里的婚姻不会考虑太多的条件，所以一切问题都在婚后不久爆发出来。比如婚

第五章　不放弃的幸福

前不会考虑的价值观问题，婚后会因为各种选择不得不直接面对，如果价值观不合，往往就会生出许多摩擦，这不是谁对谁错的问题，只能说婚前欠缺的考虑婚后一定会出现结果。比如欧力塎一心想创业，她的前夫却极力反对，长期因着价值观上的分歧导致双方都心力交瘁。在孩子一岁半的时候，两人的婚姻终于走到了尽头，和平分手。对于一个女人来说，不到彻底的死心，绝对不会走离婚这条路的，何况还带着一个那么小的孩子呢？所以，这场因爱情而来的婚姻，却是因着年轻时我们不懂爱情而断送了爱情，甚至把婚姻也直接送进了坟墓。

　　经历了婚姻失败的女人，最怕走向两个极端：要么对婚姻彻底失望惧怕，觉得男人都不是好东西；要么对自己毫无反省把一切责任推给男人，再次幻想遇到合意的白马王子。这两种的结果常常是：第一种再也不能重建婚姻，走进幸福；第二种依然选择盲目，很可能再婚又再离。据调查：中国再婚的幸福指数和稳定指数都很低。这说明很多人并没有真正明白婚姻的本质。经历了婚姻失败的欧力塎，痛定思痛之后，明白了自己到底需要什么样的男人，适合什么样的婚姻。她知道自己不属于家庭型的女人，需要的不是依靠型的老公。她更渴望自己的男人与自己心心相印之前先有心灵相通。她要的男人，能够明白自己的心意，理解自己的选择，支持自己的奋斗。她并不要求男人一定事业有成，但一定要有事业心；她也不要求男人一定能赚钱，但不能无节制地败家。做人最重要的是担当责任，而作为一个男人的责任，就是以家为家，与家一体，事业与家庭兼顾而无分别。

　　一个女人如果知道自己想要什么，并坚定地相信上天必会按照她的渴望成就的时候，真的会蒙到上天的赐福。离婚一年后，欧力塎遇到了现在的老公。这个男人好像是为她量身定做的，是上天特别赐给她的礼物，完全符合她心目中老公的基准。他是个敢于创业的男人，虽然经历过失败，却没有成为下一次创业的拦阻。他有自己的事业项目，也非常支持欧力塎的事业选择。2011年欧力塎选择了现在的这个项目，当时这种新兴商业模式是不被大众所理解的，很多人都非常排斥抵触。他出于谨慎心态，也并不赞同轻易尝试这种模式，但他却支持了欧力嫚的这个选择，并且帮她注入了第一笔投资。欧力嫚从事这份事业的同时，看到了无数个家庭不能理解、百般拦阻，甚至闹到离婚程度的案例，内心对自己老公的支持无比欣慰和感激。

任何事业的起步期都是艰难的，尤其是这种不被大众认可的新兴销售模式。欧力嫚最开始跑市场的时候，真的十分辛苦，每天拜访美容院，走到脚上都起了血泡，晚上回家的时候，连洗漱的力气都没有。累也可以忍受，还要承受市场上不能理解、冷嘲热讽，甚至毫无尊重的羞辱，有时候真的非常灰心。回到家里，看到孩子也顾不上，里里外外都一团糟，欧力嫚内心的压力几乎爆棚，有一个阶段，她甚至觉得自己是绷紧的弓，马上就要弦断了。

每当回想这段日子，欧力嫚似乎还能闻到那时候黑夜般寒冷的气息。但在这寒冷的气息当中，欧力嫚更难忘的是老公带进来的一道暖色，如阳光一样穿透自己疲惫得密不透风的心。她记得自己脚都不想洗的时候，老公为她打来热乎乎的洗脚水，帮她处理脚上的血泡，给她按摩肩颈和双腿，不善言谈的他，居然为了逗她开心，给她讲笑话。知道她不能顾家，又担心孩子，他就完全承担起照顾孩子的责任，又当爹又当娘，家里公司两边跑。给孩子做饭，带孩子学习，都是他在做，同时，自己的事业也没有放弃，每天辛苦程度不亚于欧力嫚，但他却从来不跟欧力嫚诉说，更不会抱怨。在事业起步那段艰难的日子，如果没有自己老公在背后默默地支持，以欧力嫚的性格，也许最终还是会成功，但一定不会这么快走到顶峰。

所以，欧力嫚从来都把自己的事业当成整个家庭的事业，老公、儿子，都与这份事业紧密相连。2014年，欧力嫚的团队已经做得很大，急切需要一个后勤人员来协调各种人际关系，实在找不到合适的人选的情况下，又是欧力嫚的老公义无反顾地顶了上来。他放弃了自己的工程项目，把公司移交出去，彻底从自己的事业里抽离出来，全力支持欧力嫚的事业。他原本是个不善口舌之人，擅长脚踏实地做事，但在欧力嫚的事业环境中，正需要这种真诚待人，老

第五章　不放弃的幸福

实做事的人。所以大家都非常喜欢他，敬重他，他也把后勤工作理得井井有条，各种人际关系处理得非常到位。欧力塴原本对自己老公多有感激，但通过一起工作，更是看到自己老公平时看不到的一面，便更加多了一份欣赏和敬佩。虽然女人在台前，男人在幕后，但团队里上上下下，无不对这对灵魂默契的神仙伴侣羡慕有加，很多未婚男女，都以他们为婚姻的榜样，在内心渴望找到这样彼此相通、互相扶持的伴侣。

上帝创造人类的时候，取男人肋骨创造了女人。所以没有女人的男人，注定不完整；同时，没有男人的女人，即使再优秀完美，也终究缺乏安全感。欧力塴用自己的幸福打破了女人身上的两大诅咒：离过婚的女人不会收获美好的爱情；事业型的女人不会有完美的婚姻。她用自己的幸福证明了：一个女人，最重要的不是按照别人的方式幸福，而是真实地看懂自己，看懂自己所选择的男人。爱情不是荷尔蒙的冲动，爱情是心灵上碰撞之后的相吸，是敢于在对方面前袒露最真实的自己，是无条件的信任和支持，是骨肉相连的一体感，是不分彼此却又各自独立的亲人。

当走上了事业顶峰的欧力塴在接受媒体的采访时，除非被媒体追问，她很少会提及自己优秀的儿子和出色的老公，她已在内心与他们成为一体，不需要分别出来向外人炫耀。在她的心目中，她的团队、她的家庭，都不是真正属于她的产业，唯独她因着她的团队、她的家庭而拥有的她的感谢、她的幸福，才是实实在在属于她的东西。这些，是无人能够给予的，也是无人能够夺走的，因为，这是上天单独赐给她的奖赏。

欧力墁：最好的爱情是知己，最好的婚姻是陪伴

抽离三观而发生的爱情，不管多么令人目眩神迷，其结果一定以苦涩告终。这是我失败的婚姻给我的教训。年轻的时候对爱情的幻想超越了对现实的认识，不经彩排的进入婚姻，自然需要自己咽下苦涩的果子。很多女人的人生就在此与幸福告别，再也回不到浪漫的伊甸园里去了。

然而，我以我的经历告诉和我一样不为灶台而生的女人，你可以重新选择幸福。前提是，你得明白：你是什么，你要什么。一切痛苦的根源都来自对自己无能的愤怒，而一切对自己无能的愤怒都来自不了解自己的痛苦。你觉得自己无能，并非真的无能，而是对自己认识不清，对自己的期望偏离了你的强项——无论在事业上，还是在婚姻上。

一直认为最难的就是了解自己。"自知者智，知人者明。"不了解自己的人谈不上了解别人，在婚姻中尤其如此。我从来不认为爱情和婚姻是两件事情，恋爱其实就是了解自己和了解对方，并了解两人是否可以相爱的过程。而婚姻，则是你已经了解了自己也了解了对方并愿意彼此承诺携手相伴一生。

愿天下所有有情人都成知己，愿天下所有红蓝知己都成伴侣，愿你的婚姻里有灵魂深处的浪漫，愿你的一生不管经历多少大风大浪，一直有一只手坚定不移地握住你。

第五章　不放弃的幸福

【超级链接】 *幸福婚姻就是彼此造就、共同成长*

幸福婚姻的前提是对自己有清晰认知。都说幸福的家庭都相似，但是好婚姻并没有固定模式。只是在进入一段好的婚姻之前，一定要先了解自我。要选择最合适自己的，而不是最好的。每个女孩子都有虚荣心，但特别重要的一点是：你的婚姻不是展品，你所选择的这个男人，是你孩子的父亲，你父母的女婿，你自己的爱人，执子之手，一直到白头的那个人。这些东西是都没法给别人看的。

婚姻是一场化学反应，不是1+1的物理式的连接。婚姻是一个烧杯，进入的两个人其实是两个活性元素，你是什么元素，你需要和什么元素在一起才会有良性的化合反应？如果没有认清自己就去寻找另一种元素，那么很有可能，你寻到的是一个好元素，但是这个好元素跟你之间没有反应，甚至生成恶的反应。这就像买衣服一样，女孩子都喜欢华丽的时装，难道所有的衣服你都要狂购回家吗？你一定会知道有些衣服是不适合你的，为什么不能把这种悟性放在婚姻上呢？

很多人认为爱情和婚姻是两码事，恋爱找的是情人，结婚找的是丈夫。婚姻和爱情是可以分开的吗？没有爱情的婚姻是否会幸福？曾有人说，说谈了多年恋爱，已经遍体鳞伤，只想找一个适合的人嫁掉。如果这样进入一个婚姻，对这个男人是极其不负责的。因为带着这样的动机进入婚姻的人，想的只是索取，可以说，从进入这个婚姻起就带着不忠诚，很难说有一天不会再爱上别人。一个人的言谈举止带出的信息，会让你的爱人知晓你对他有没有爱情，没有爱而进入婚姻，等于你在选择时就已经种下了不幸的种子。

所以还是那句话，在进入婚姻之前，你要了解你自己是谁，你最想要的是

第五章　不放弃的幸福

什么，你能不能让婚姻充满浪漫。一个好的婚姻里面是有浪漫的，而爱情是浪漫的源泉。如果婚姻里堵死了浪漫这条路，你就会去婚姻外去寻找。所以说选择什么样的婚姻是幸福的，还是从选择什么样的爱情开始。你是什么样的自我，就会相逢什么样的爱情。

最好的婚姻就是融合，认同彼此的圈子，爱彼此的亲人，接纳彼此的朋友，因为有彼此，你们更爱这世界的一切，你们比以前更知道父母养育之恩的厚重，更知道得去世界上去做很多精彩的事……

现代女性在职场上越来越风光，却常常困惑于什么是适合自己的婚姻，这有什么相对可衡量的指标吗？谈到婚嫁，请一定对对方做好3个方面的提问并做出评估：

首先，你们精神生活上真的有默契吗？在价值观上有认同吗？他的气场是否罩得住你，让你有一种精神上深刻的依恋？爱情这东西不能替代一切，因为你们要过一辈子。一个特别爱钱和一个不太爱钱的人在一起，两个人会互相冲突；一个特别喜欢朋友和一个特别讨厌社交的人也没法协调。这些电光石火的契合非常重要。

其次，你们的社会生活能否够融合？恋爱是两个人的事，但婚姻是两个社会群体的事。最好的婚姻就是融合，认同彼此的圈子，爱彼此的亲人，接纳彼此的朋友，因为有彼此，你们更爱这世界的一切，你们比以前更知道父母养育之恩的厚重，更知道要经营自己的朋友圈子，更知道得去世界上去做很多精彩的事。这种接纳，会让你感觉更有根，除了爱情还有恩情。

最后，你们的私密生活习惯是否能够融合？生活习惯是多年养成的最难改变的东西，很可能一个细节上的无法容忍，就导致了最后的婚姻破裂。还有，你们的性关系和谐吗？这是一个极其重要的指标。男女之间的激情，取决于身体之间的融合程度。如果说你们的身体不默契，那你们可能不会直接把这件事说出来，但有点小事就会爆发战争。这也是婚姻的"七年之痒"甚至"三年之痒"的根由。

这三个指标只要有一个低于 60 分，走进婚姻就显得仓促。当然，任何一种婚姻能否长久还有一个婚后磨合程度的指标，但对于渴望幸福的人们来说，常常磨合不到幸福的时刻就走向了终结，即使真的磨合到白发相守，也是付出了极大的代价，谈不上是一场幸福的婚姻。

有人说，好的婚姻需要"门当户对"。虽然并不赞成挑剔出身与门第，但是两个人价值观的默契却是不可不挑的，而价值观是可以在后天的教育中形成的。两个人之间价值观比门当户对更重要，因为每个人不是圈养在家里的，你们要走进社会，要去工作。

很多不错的女性在婚姻里会抱怨，觉得自己嫁亏了，这样的女人婚姻不幸福是自己的态度有问题。在婚姻里，不能拿年龄、地位说事。在婚姻开始时，聪明女人会将两个人放在绝对平等的地位，之前所有的账单都撕碎，不亏不欠。你比他小 10 岁，你青春貌美，你比他名气大，你比他有钱……这都不能成为高高在上、满腹不甘的理由。

众所周知有这么一个故事：英国女王伊丽莎白参加应酬很晚才回家，发现卧室的门紧关着。女王站在门口敲门，丈夫问："是谁？"女王回答："是女王。"丈夫没有开门。她又敲，丈夫又问，女王回答："是伊丽莎白。"丈夫还是没有开门。伊丽莎白女王似乎意识到了什么，最后，她答道："亲爱的，我是你的妻子伊丽莎白啊。"听到这话，丈夫才打开门。

这个故事告诉我们，没有任何女人有资格在爱人面前盛气凌人。进入婚姻，两个人第一都是一无所有，第二都是富比天下。一无所有是因为平等，一切账单都已经撕碎了，富比天下是因为拥有爱情，因为这两个人将相守终生。

包容无疑是幸福婚姻的必备指标，具体来讲，如何诠释呢？"包容"的"容"字有两解：一个是女人的容颜要漂亮，那是面子；一个是女人的心里有度量，那是里子。你的仪态有一种温柔光彩，那你是一个大气的女人；你的心里有一个大度量，那你是一个幸福的女人。

同时，包容不等于顺从和纵容。人前给足面子，两个人在私密场合时却要开诚布公。有问题不妨在卧室谈，谈不拢还可以有肢体语言呢，有什么事亲昵一下也就过去了，不会升级到冷战的地步。婚姻里面需要爱，也需要智慧。

现代社会，一些女人看待婚姻最大的误区是，她们拒绝成长，认为男人照顾女人是天经地义的事，是受良知和责任约束的。婚姻的责任和良知确实很重要，但是也不能过分夸大它的作用。一个女人对婚姻的维系不能仅仅靠良知和责任，你得自己有魅力，让自己的婚姻一直是一个活体，而不是死去成为一个约定。

女性在婚姻中的成长是幸福婚姻的另一个重要因素。这个世界最美好的就是生命，有生命就有成长，没有成长的生命要么是死的要么是垂死的状态。一

个人的生命需要成长，两个人的婚姻也需要成长，一个人能够喜欢自我而不惧怕衰老，是因为她始终在成长，她有能够跟时光抗衡的武器，她有自信，她看到自己的生命开出花来了。

一个婚姻不断成长，说明在婚姻里，你永远都能够体会到情人一样的浪漫。不能因为忙碌和压力而丢失两个人的私人时间，要度假、要休闲，没事聊聊朋友、聊聊世界，评价评价遇到的事，聊聊孩子和老人，这种沟通，会让你们的感情一直很契合。

有人说，女人太独立不好，成功女人往往难有幸福婚姻。这也是一个认知上的误区，首先要明白什么是独立性的女人，一个只有经济独立却心理上并不独立的女人才可能成为幸福婚姻的障碍。真正拥有独立性的女人，自身的世界已经非常完整了，所以，她在婚姻和爱情上，不会一味索取。她可以创作，可以激发出新的生机，她可以愉悦和享受，但是她不会一张苦瓜脸跟丈夫跟孩子说我就是为了你们，你们必须给我什么。独立的女人才会包容，越不独立越不包容，因为她觉得丈夫亏欠她。

在婚姻组合里面，最好是两个人在家庭角色上会有一种不经意的分工。一个好的婚姻是平衡的，这就要求有一个人是作为"家庭的脑子"活着的，另一个人则作为"家庭的心"活着。作为脑子活着的这个人要理性，要把握家庭的用钱、老人的赡养、孩子的教育等等，这个人要很有责任感，家庭才会运转得很流畅；作为心活着的人，就要让家里有浪漫、有天真、有快乐、有梦想。所谓一个靠谱，一个不靠谱，就是一个平衡的组合。

【岁月馈赠】

在爱的关系中，我们学会各自负责

前阵子有个新闻，一个小孩，把家里十几个空酒瓶，从二十几层楼往下扔，幸好楼下没人，否则后果不堪设想。他爸知悉后，把他痛打一顿，并把孩子屁股上的伤痕发到小区微信群里，郑重向业主们道歉。

对于这件事，众说纷纭，有称赞的，有反对的。但从深度心理层面分析，对这个事件的不同看法，其实是中国的两大规则在对决：一个是宗法制度，一个是经济制度。

宗法制度讲的是一日为父，终身负责，没有道理可讲，我的是我的，你的也是我的，你要永远对我负责。经济制度讲的是双赢和契约，亲兄弟明算账，情归情，利归利。

如果是宗法制度的角度来看，这父亲做得对，就像是贾政打贾宝玉一样：无论你多大了，在我面前，都要做一个小孩，你是物，不是人，你给我丢脸了，惹祸了，你妨碍我了，就要打你，为什么？因为我是你爹。

如果从经济制度来看，我的身体不属于你，我的身体属于我自己，你凭什么要伤害我的身体？而且，作为一个孩子，我真的有伤人动机吗？对我来说，这只是个游戏而已，这个责任该我来付还是应该由你这个成年人来负责，你是否对我做过足够的教育工作？

你用这样的暴力对待我，是为了你自己，还是为了教会我什么是安全的行为？你用这样的方式能让我明白你想让我明白的事情吗？也许我只是学会了一点：不能伤我爸的面子，否则我会很惨。

第五章　不放弃的幸福

绽放 BLOOM

宗法制度讲的是无限责任关系,而经济关系讲的是有限责任关系。《懂得爱》这本书里这样定义责任的：没有尊重，就没有责任。因为责任必然和另外一个名词是孪生兄弟，那就是权利。

常常听到各种男人或者女人对伴侣的吐槽，听了以后，他们的遭遇也的确令人同情，只是为了真正弄清问题根源，我们需要理性做出一个提问："你为自己的伴侣又做了些什么呢？"可能这个人会说：我为对方做了这个，做了那个，都快把我的心操碎了，可是他一点儿也不领情。

那么，第二个问题是："你做的这些，是他需要的吗？"

也许你会惊讶这个问题："我做这些，不都是妻子（丈夫）该做的吗？难道不是男人（女人）都想要的吗？"或者，"就算是他不想要，我这么做的一片心，他也该领受啊。"

为什么只要你动机是好的，只要你是把一片心都给了对方，对方就必须对你也投桃报李呢？如果你到了一个商场，商家强行要你买她的商品，否则你就是不负责的，你会买下来吗？更何况，很多时候，你甚至什么都没有做，就强行要求他人为你无限期的服务，这不是黑帮的行为吗？

但是，在亲密关系中，这种不讲理，就可以被冠以"爱"的名义，大行其道。

宗法制度式的爱是身份决定权利、决定责任。经济制度式的爱是利益决定权利和责任。宗法制度来自"母婴关系"，孩子一出生，作为妈妈的你就没有拒绝的权利，你必须养，你必须牺牲，所以说"一孕傻三年"说的就是妈妈和

孩子完全融为一体，完全丧失了自我，眼中只有孩子，一切都以孩子为中心的去爱孩子。

在中国的文化中，"融合"一直都是一种理所当然的主题，"母婴关系"中的"彼此牺牲"文化被大众接受。我们担心分离会导致关系的疏远，独立会导致纷争的开始，自我会引发利益的损失。但是在人际关系中，我们发现越是强调情比利大的地方，最后越是容易发生争吵；反而一开始把利益讲明白的地方，反而能保持融洽的情感。

因为宗法制度会害怕利益会毁掉关系，于是大家都开始内心戏，都压抑了冲突，刻意维系一段貌合神离的关系。于是一切的一切，都成为"积累点数"的游戏。忍无可忍，就无须再忍。

情比利大的关系，往往最后谈起利益来格外的无情。很多不敢谈利益的夫妻，到最后分开的时候，必然是锱铢必较，甚至连桌子宁可劈成两半，也不能让着对方。因为大家都有委屈，而这委屈都因为长期上不得台面而最后把关系的所有面子和里子都撕破。

所以责任的游戏其实就是一句话：你不为自己负责，没有人为你负责。学会对自己负责，是长大的第一步。

母子一体的母爱关系，也是在 6 到 18 个月之间。从 18 个月开始，孩子就要开始自己探索世界，你学走路时候摔的跤，是痛在你身上的，不是痛在你妈妈的身上，从那时起，我们就要学会对自己负责了。这么简单的道理为什么我们在关系中总是不懂呢？

因为我们一旦母爱不足的话，就会不想做成人。所以，母爱充足对于一个健康的心智建设非常重要。但母婴关系中正确的爱，并不是丧失自我，而是在帮助孩子渐渐与母体分离，形成独立的自我。一旦分离不妥，日后孩子长大还是要独立面对世界，就会产生巨大的亏空感。同时，如果儿时缺乏母爱，尚未脱离母体的婴儿也会产生巨大的亏空感。这种亏空感会直接影响到日后的人格形成。

这些亏空，有两种弥补的方法：第一种就是，我亏空了，长大以后，我要做一个巨婴。在亲密关系中，要人养，所有人都欠着我，所有人都不能饿着我，一旦我找到了依靠，这个人就不能抛弃我。第二种就是，我认识到这是我从小在爱的关系里没有满足所造成的亏空感，并开始面对这种饥饿感，理解我当年这种亏空带来的绝望、无助和痛苦，理解这种孱弱的焦虑。

可是，蜜糖和苦药在面前，谁会选择苦药啊？所以我们都倾向于选择做婴儿。做婴儿的世界观是如下：我觉得这个世界应该有公平，我不接受我有那样的过去，那样的童年，那样的损失，那样的亏空，现在我要求平反，要求补偿，要求道歉！我觉得这个世界应该是这样的：只要我是纯真的，纯洁的婴儿，大家就应该爱我。如果现实不符合我的想法，现实就必须为此改变！

于是在"巨婴"的眼里，全世界都欠着她，她不肯接受损失，她就会对这个世界一遍遍的上访，要求一切都恢复到好的状态，她就是永远的受害者，要求他人给她补偿；她一生只说一句话：为什么是我？为什么你们都伤害我？如果我们不肯接受过去，我们就会否认现在。

在"巨婴"的世界里，责任是属于他人的，经常会听到这样的一些话：父母说，如果我的孩子肯上学，我的人生就彻底解放了，我的幸福全取决于孩子；孩子说，如果我父母不天天逼着我，我的人生就彻底自由了，我的幸福全取决于父母。大家都不为自己的幸福负责，所以我们都会不顾对方的边界，要对方为自己而存在。

夫妻之间常年冷战，但却热衷于教育孩子；孩子不好好享受自己的生活，却天天操心父母的问题；这是因为在母性的世界里，自我是不存在的，一切都融为一体。

这种抹杀一切边界，将他人看成是自己的一部分的想法，在现在一直被强化。可是我们作为有那么多差异的人，其实是无法融合在一起的，我们最好不要负那么多责任，你也负担不起别人的幸福和人生。

我们正在经历这样的痛苦转变，我们要学会为自己负责，在婚姻和养育后代当中，是彼此保护独立还是彼此互相伤害，是彼此互利还是彼此吞噬，我们的态度，就决定了这段关系的结局。

【小故事　大智慧】

家是什么？

　　美国洛杉矶，有一个醉汉躺在街头，警察把他扶起来，一看是当地的富翁。当警察说要送他回家时，富翁说："家？我没有家。"警察指着不远处的别墅问："那是什么？""那是我的房子。"富翁说。

　　1983年，卢旺达内战期间，有一个叫热拉尔的人，37岁，他的一家有40口人，父亲、兄弟、姐妹、妻儿几乎全部离散丧生。最后，绝望的热拉尔打听到5岁的小女儿还活着，于是辗转数地，冒着生命的危险找到了自己亲生骨肉，他悲喜交加，将女儿紧紧地搂在怀里，第一句话就是："我又有家了。"

思考：家是什么？是否自己居住的地方就是家？无论是竹篱茅舍，还是高屋华堂，如果没有亲人同在，算是家吗？家是一个充满亲情的地方，没有亲情的人和被爱遗忘的人，才是真正没有家的人。家是亲人和亲情，不是你居住的大房子。所以，珍惜善待你的亲人，那才是人生最重要的东西。

尾 声
BLOOM

最美人间四月天,十里春风不如你。2016年4月,一部小情怀大制作的电影《等爱》从长沙首映开始,拉开了在全国几十个城市巡演的序幕。这部由双鼎文化传媒出品,以中鼎恒生四位老总的人生经历为蓝本的真人电影,点燃了十几万人的心,让2016年的春天提前进入了夏季的火热。

这部以真实人生创造出来的励志电影,情节真实,节奏张弛有度,从头到尾引人全情投入,时而戳中笑点,引发笑声不断,时而打动心扉,令人眼中含泪。这部充满了正能量的影片,为整个充满金钱气息的浮躁影坛注入清凉的气息。更令人赞叹的是,整部电影全部真人出演,没用任何一个专业演员,这在娱乐完全商业化、影视界完全靠颜值的今天,堪称奇迹。

中鼎恒生的四位老总欧力嫚、扶爱漾、盛馨冉、刘煊源,以及欧力嫚的儿子欧济闻,还有她们团队里的其他成员,共同出演了电影。影片通过四位老总的真实经历,展现了女性创业过程中的点点滴滴,并在她们的创业故事中,融入了对爱情、亲情、人情等方面的深入思考,四大总裁以自己最真实的本色表演告诉大家:创业路上虽有艰辛,但只要坚持,就一定会有收获。

在电影《等爱》的首映庆功宴上,欧力嫚和公司其他三位老总,站在摄影机前留下了珍贵的一刻。之后,四位老总就将排满日程,全国几十个城市飞来飞去,参加各地的电影首映式。全国各地的分公司成员对此部电影期待已久,

梦想会喜欢

他们举家前来,还邀请了自己所能邀请的一切亲朋,共同观看这部给人无穷能量的大片。

实话说,欧力塎决定拍摄这部电影的时候,绝对没有想到会临到如此空前热烈的回响。她本意是想把公司四位老总的经历拍下了,作为一段可以存入历史档案的纪念。同时,也希望把最真实的人生通过电影的方式展现出来,以更方便的媒介让更多人从中得到力量和启发,但真的没想到会引爆全国,获得极大的口碑,所到之地,引发追捧热议。四位老总已然成了明星一般,顿时拥有了万人粉丝,受到了明星般的热烈欢迎。

舍得付出,必有回报。欧力塎在自己的事业进程中,从来没把自己定义成商人,所以她总不会投资失败,原因就是,她凡事以人本情怀出发,助人成功为乐,看重的永远是他人的所得而不是自己的付出,已经不知不觉中达到了不商而商的境界。

而在电影首映式庆典之前,欧力塎刚刚参加完"梦想创业大典"。这是中鼎恒生团队创办的励志主题盛典,已经举办了八期。每一期都有上千人的聚会,影响了无数在创业路上曾迷茫跌倒的人,使他们重整旗鼓,再燃信心,在梦想的路上重新起航。欧力塎虽然没有经历过创业的失败,但是她体验过创业的艰辛,如今达到了成功的顶峰,她最大的追求就是帮助更多人完成创业的梦想。

她为他们设计梦想的舞台，由他们自己选择舞台的大小。她任他们在舞台上尽情发挥，自由跳舞；她鼓励他们信心不止步，梦想不要停。比起赚更多的钱，这才是欧力墁最喜欢做的事，如果说她还有什么梦想，她的梦想就是让更多人实现梦想！

2016年5月8日，欧力墁等中鼎恒生四大总裁带领核心领导群近120号人奔赴京城，参加国内某知名时尚公司的生日大趴！这是一场古都京城前所未见的励志大秀，头戏就是烈马扬鞭的跑车登场，几十辆超级跑车现场上演"速度与激情"，并有数辆全球限量级跑车齐聚在此，场面之震撼超级罕见。香车美女、美艳与激情，刺激着对这场盛宴未知的想象。

此次励志大秀，首创国内直播先例，邀请当下最热的手机YY、花椒、映客等新媒体的五十多名当红美女主播，全程互动直播，引发全民参与热潮。现场更有来自各行各业跨领域精英、明星大咖、时尚潮流人士，嘉宾阵容堪称历届之最。

作为时尚励志大秀重磅戏份，自然是少不了重磅时尚大秀的美轮美奂与意外惊喜，一场"法式浪漫遇上东方美"的时尚秀惊艳上演。而重中之重是，中鼎恒生总裁们作为创业励志人物代表，引领时尚潮流，欧力墁等四大总裁盛装出场的瞬间，引发满场尖叫，其声势盖过国际名模。这场轰动京城的大秀，完美彰显了励志人心的主题，属于每一个追梦前行的人。有梦的人都在这里，因为这里的风景，梦想会喜欢。

与时尚大秀辣酷相比，欧力墁更关注与北京大学的携手。中鼎恒生商学院预计在初夏强势入驻北大，在超跑大趴上演的前一天，欧力墁与公司其他几位老总，前往北京大学与相关负责人商谈了具体入驻事项。事后，北大负责人特意安排了欧力墁等人参观了北京大学。行走在北大校园里，一个一个以名人命名的大楼逐一参观，最后，欧力墁等人来到了未名湖畔。

面对秀丽的湖光春色，欧力墁感慨万千。想起自己幼年的求学经历，感叹上天所赐予每个人的公平。如果她生在一个条件良好的家庭，以她聪明的程度，

尾 声　梦想会喜欢

学习的能力，加上自己的努力，也可能会考上北大这样的名牌大学，但那绝对会是另一种人生，不可能体验到现在历经艰苦而抵达的辉煌。很多北大出来的学子，还在为梦想苦苦挣扎，而自己从 12 岁挑担卖西瓜白菜开始，已经走在了梦想成功的路上。虽然自己当年未知，但此时回顾起来却清晰无比，虽然经历很多磨难，但此时唯有感恩，感恩上天一切的赐予，感谢身边所有的亲朋，感谢一路相携走到今天的事业合伙人。感谢所有生命中停留的、路过的人；感谢那些爱自己的、恨自己的人，正因为有他们的参与，所以才会有不断成长的自己，才会有如此感恩的今天，才会有如此珍惜、如此宝贵的一切。之前林林总总都化为最好的预备，只为了许给自己今后拥有一路鲜花的喜乐年华。

即使今后再有怎样的艰难险阻，历经这一切的欧力墁也不会畏惧退缩，她所能容者之大，所能载者之重，已经让她明白一个道理：上帝必不将你所不能承担的试探加在你的身上，当你觉得投靠无门的时候，上帝一定为你打开一扇窗。而窗外，清风霁月，风景独好。

是的，没有不可能，去挑战吧！

上天以苦寒之磨炼给了欧力墁永不妥协的意志，为了就是在隆冬之时，有一树梅花传送清香。不与百花争艳的女子，必定享受临风独放的尊荣。